JN300801

水道サービスが止まらないために

水道事業の再構築と官民連携

MIYAWAKI, Atsushi　MAGARA, Yasumoto
宮脇　淳・眞柄泰基［編著］

時事通信社

序

　日本の水道普及率は97％を超え、経済社会活動を支える社会基盤として日常生活はもちろんのこと企業活動等においても欠くことのできない重要なインフラとしての役割を果たしている。こうした日本の水道は、水道法および地方公営企業法の下で地方自治体を基本とし運営されてきた点にも特色を有している。

　そうした日本の水道が大きな転機を迎えている。それは、さまざまな事業資源の根本的変質にある。第一に挙げられるのは、社会基盤としての施設の老朽化である。水道に限らず日本の社会資本は、戦後の1940～1960年代を中心に形成された。40～60年を経過した今、箱物施設をはじめとして多くの社会資本が老朽化し、更新期を迎えている。急激な経済成長を背景とした社会資本整備の推進が、少子高齢化を迎えた段階において更新期を迎え、大きな財政負担と政策選択の転換を求めるサイクルに入っている。

　第二は、事業体たる地方自治体、地方公営企業の人的資源の減少である。団塊の世代を中心とした50歳後半層の大量退職は、これまでの地方自治体を中心とした事業展開を支えてきた人的資源の流出を意味する。こうした流出は、水道事業だけでなく地方自治体が担ってきた事業のすべてに共通して生じる問題であり、これまで培ってきたノウハウ等をいかに継承し、充実させ続けることができるかは次世代の地方自治体にとって死活問題といえるほど重要な課題である。加えて、次世代を支える職員たる20～30歳代の人数構成は多くの組織で減少しており、従来の広範な業務を支え続けることに限界がある。この問題の克服に当たっては、水道事業等従来地方自治体をはじめとした「官」が展開してきた機能を、「官」のみで支えるのではなく、「民」も含めた地域全体で支える枠組みの構築が必要となる。そのことは、従来の官営水道事業の枠組みを、

抜本的に見直す要因ともなる。

　こうした問題の根底には、なぜこれまで政策形成において不可避であるライフサイクルの問題を軽視してきたかの課題が横たわる。人を採用すれば40年後ころには退職問題が生じる、施設を造れば必ず老朽化問題が発生する、借金をすれば利払いを含め将来負担は拡大し、いつかは借金を返済しなければならない。長期的視野からは当然の帰結ばかりである。しかし、この当然の帰結を認識し、政策に組み込むことができなかったのが日本のこれまでの政策形成である。足元の短期的投資視野に重点を置き展開してきた政策形成が、限界を露呈しているともいえる。この政策形成のプロセスとそこでの情報の質を変革し、官民の形式的区別を克服することから始める必要がある。

　第三は、事業主体たる地方自治体、地方公営企業の財政状況の悪化である。地方自治体本体、そして地方公営事業の累積債務等の拡大は、更新投資を先延ばしする要因となっているだけでなく、耐震性が脆弱な石綿セメント管の更新やクリプトスポリジウム対策等、安全・安心を確保するための施設の改修等の実施にも大きな制約要因となっている。加えて、市町村合併が進む中で、地域としての統一的な取り組みも難しくしている。こうした問題は、従来の右肩上がりを前提とする経済社会構造の中で形成され運営されてきた国と地方の財政関係、そして地方財政と金融のかかわりそのものの見直しが不可欠となっていることを意味する。水道事業の民営化等、新たなモデルを描くに際してもこの大きな流れを踏まえて検討することが不可欠である。

　そこで、国民の生活や社会活動に不可欠な水道水を供給する水道事業の持続性を確保することを目指して、水道事業の仕組みについて水道法、地方公営企業法、地方財政と官民連携と地方公営企業における政策決定から考え、その上で水道事業の現状を水道事業ガイドライン（社団法人　日本水道協会規格）の業務指標を活用しつつ水道施設や水道経営について明らかにする。さらに、水道事業における官民連携について、公共サービスにおける官民連携のあり方と官民連携手法の導入について記し、水道事業における監査制度について明らかにする。また、水道事業の再構築について、国際的な動向を含めて、国内の再構築例を記した。どこでも必要な水を、安心して蛇口から飲める水道水を利用できるという、世界でもトップレベルにある水道が、施設の老朽化と少子高齢

化社会を迎えてダウンサイジングを図らなければならない。まさに、水道が止まらないためへの政策について、水道事業者はじめ多くの関係者の参考になることを願っている。

　なお、本書の出版に際して多大なご配慮と的確な示唆をくださった時事通信社業務局の杉本一郎部長と時事通信出版局の荻野昌史氏に深甚から感謝申し上げます。

　最後に本書は、北海道大学創成科学共同研究機構で行っている科学技術振興調整費による戦略重点プロジェクト「環境・科学技術政策」の成果の一部であることを記す。

2007年7月

宮脇　淳
眞柄泰基

水道サービスが止まらないために

水道事業の再構築と官民連携

もくじ

序（宮脇淳・眞柄泰基） 1

第1章　水道事業の仕組み　11

第1節　水道事業と水道法（山村尊房・新田晃）……………12

1．水道法とは　12
水道法までの経緯12／水道法13／水道、水道事業の定義13／水道事業に対する規制15

2．水道事業の状況　23
水道事業の数23／水道普及率23／給水量24／管路延長25／職員数26

3．水道行政の近況　27
水道ビジョン27／地域水道ビジョン27／国庫補助29／地震対策30

第2節　水道事業と地方公営企業法（石井正明）…………31

1．地方公営企業法の適用関係　31
「企業の経済性」の発揮と「公共の福祉」の増進31／求められる自立的、永続的経営32

2．地方公営企業法の概要　33
一定の身分保障33／企業会計方式採用の理由33

3．料金決定の基本原則　36
公益事業に共通の料金決定基準36／総括原価主義の原則37／二部料金制採用38／原価主義に忠実な料金体系38

4．料金制度と財政　40

　　水道事業の財政状況 40／資本的収支不足額の財源補填 40／事業報酬（資産維持費）の具体的な算定方法 42／資産維持費の会計上の取り扱い 43／収益的支出 43／もう一つの料金算定方法 43

5．料金設定の手続き　45

　　民主的手続きにより決定 45／信頼獲得の重要性 46

6．経営課題とその対応策　47

　　施設更新への対応——アセットマネジメントの採用 47／ダウンサイジングを考慮した更新計画 49／民間的な経営手法の導入——PFI、アウトソーシング 49／二つの方向性 50

第3節　地方自治体財政と水道事業（眞柄泰基・宮本融）‥‥52

1．地方自治体財政を取り巻く状況　52

　　地方財政の深刻さと現場の危機意識の乖離 53／地方財政改革の概要 55

2．地方分権時代の金融環境の変化　60

　　負債管理の考え方の変更 60／政策金融の改革 63

3．ガバナンス形態変更の政治過程　65

　　歴史的文脈：「失われた10年」の後に来た「民営化の第二の波」65／国際的文脈：水道事業を巡るグローバル化の波 69／地方財政改革推進の政治過程 71

第2章　水道事業の現状　75

第1節　水道施設（戸來伸一・竹村雅之・片石謹也）‥‥‥‥76

1．水道事業を取り巻く環境の課題　77

　　地震と風水害 77／渇水 79／水質関連事故 80／異臭味被害 82／クリプトスポリジウム対策 83／消毒副生成物 85／残留塩素の管理 86／受水槽の水質管理 87／環境配慮——エネルギー消費 89／環境配慮——浄水発生土の有効利用 90

2．施設の課題　93
　　　　トータルストック93／水源の余裕94／浄水施設の更新96／高度浄水処理施設の導入状況99／老朽管の更新100／地震対策104

　第2節　水道経営の課題（森本達男・森田豊治）‥‥‥‥‥‥108
　　1．水道事業体の財政状況等　108
　　　　水道料金と料金回収率108／純利益・純損失112／事業性評価115／水使用量の減少117／人事管理118
　　2．水道事業体の経営改善　121
　　　　経営的側面に軸足を121／資産運用管理手法の確立を122／より柔軟な事業手法を模索122

第3章　水道事業における官民連携　125

　第1節　公共サービスにおける官民連携のあり方(宮脇淳)‥‥126
　　1．既得権の見直しを　127
　　　　努力しても報われない実態とは127／厚生経済アプローチ128
　　2．官と民がともに考えともに行動する　129
　　　　単純な民営化論ではない129／当事者間で問題意識を共有化132／「過程管理と組織化」が重要なファクター133

　第2節　水道事業における官民連携手法の導入
　　　　　　（佐野修久・清水憲吾・河合菊子・眞柄泰基）‥‥‥‥‥135
　　1．水道事業の効率化と官民連携　135
　　　　ガバナンスはどこにあるか136／民間関与・民間化の意義137／関与の方式138／「民営化」について140
　　2．水道事業の官民連携におけるリスク　143
　　　　財務・会計144／水道サービス146／水道技術147

第4章　水道事業における監査制度 149

第1節　監査制度とその課題（安部卓見）・・・・・・・・・・・・・150

1．監査委員と監査制度　150
監査委員が行う監査の種類と対象 150／監査委員の独立性 151

2．外部監査制度　153
外部監査人の独立性と専門性 153／外部監査人が行う監査の範囲 153／外部監査の課題 154／外部監査の実効性と議会の関与 155

3．水道事業における外部監査　157
認識の差を埋める努力 157／水道技術的事項に対する監査 157／外部監査のもう一つの"効果" 158

第2節　官民連携における監査制度（眞柄泰基・佐藤雅代）・・・・160

1．水道事業における監査制度の課題　160
なぜ、地方自治体なのか 160／水道法に基づく立ち入り検査 161／地方公営企業法に定める監査 162

2．水道事業における評価・監査制度の必要性　163
ナショナルミニマムとシビルミニマム 163／新たな「広域化」という要請 164／第三者評価機関の設立も 165

3．第三者評価・監査機関のあり方　170
新たなリソースの創出を 170／社会的に認知されるマニュアルとは 172

4．評価・監査マニュアルが備えなければならない要件　173
どうすれば他事業体と比較できるか 173／マニュアルに必要なもの 176／やがては地域社会の選択に 177

第5章　水道事業の再構築 179

第1節　水道事業の民営化の国際的な動向（吉村和就）・・・・180

1．水道事業の民間関与の流れ　180
　　英国における民間関与 181／フランスにおける民間関与 183／米国における民間関与 184／中国における民間関与 185

2．世界の水ビジネスの動向　187
　　上下水道サービスの国際標準規格 188

第2節　水道事業の再構築例 ……………………… 191

1．東京都多摩地区水道の一元化（松田奉康）　191
　　統合以前の多摩地区の市町営水道（市町営水道時代）192／都営一元化準備時代 193／都営水道への統合（都営一元化時代）194／都営一元化後の業務執行 196／多摩地区水道の業務の分担 199／事務委託制度の限界と経営改善（完全一元化時代）201

2．松山市・DBOによる浄水場整備等事業の概要（渡邊滋夫）　203
　　松山市の概要 203／浄水施設整備事業の内容 203／PPP推進の背景 205／経営基盤改革方針 207／DBO採用の経緯 208／反省事項等 210

3．福島県三春町における包括委託（遠藤誠作）　212
　　三春町の概要 212／上下水道事業改革への取り組み 212／三春町公営企業の全体像 214／企業局の発展経過 215／上下水道料金の統一 221／公営企業管理者の設置──当初は「職務代理者」で 222／委託を選択した理由 222／委託導入の意思決定 224／委託対象業務の選定と責任分担 226／委託費の考え方 227／契約 227／委託業務の留意点 228

4．八戸圏域における水道事業の広域化（大久保勉）　230
　　八戸圏域水道企業団の設立 230／広域化事業の進め方 232／水源、浄水施設の再編成 232／配水施設の整備 234／水道料金の調整 235／経営状況と広域化事業 236／広域化事業の検証 238／新たなる広域 241

索引　243

執筆者一覧　246

装幀　加藤　俊二（プラス・アルファ）

第1章
水道事業の仕組み

第1節　水道事業と水道法

1．水道法とは

水道法までの経緯

　わが国の近代的な水道は明治20年に横浜で初めて設置された。国の全額補助により神奈川県が水道を布設し、事業を経営した。同時期、明治政府は、水道布設の目的は公衆衛生の向上にあることから、水道の経営は公益を優先すべきとして地方公共団体が布設し、経営することを原則とする旨の閣議決定をした。明治23年には水道条例が定められ、水道は市町村が経営すること、水道を布設しようとする際には施設の概要、給水量の見込み、工事の方法・期間・工費の収入支出方法、水道料や経常収支の概算等を示した目論見書を地方長官を経て内務大臣に提出し認可を得なければならないこと、地方長官が水道工事や水質、水量を検査し、必要な場合には改築、修理等を命ずること、給水用具等の費用は家主の負担であること、市町村は家屋内の給水用具を検査でき、その結果必要な場合には家主に修繕を要請することができること、消防用の消火栓を設置すべきことなどが定められた。

　これを受け、前述の横浜の水道は神奈川県に代わり横浜市が経営することに

なり、また、各都市で水道が建設され水道事業経営が行われていった。

その後、明治44年に、土地開発のために布設する水道で市町村に資力がない場合には市町村以外の者が水道を布設し、経営することが認められ、大正2年には、土地開発のための水道でなくても、市町村に資力がない場合は市町村以外の者が水道を布設、経営することが可能となった。

水道法

水道条例に基づく制度は戦後も継続していたが、小規模な水道が規制の対象とならないなど、その内容は実態にそぐわない不十分なものとなりつつあったことから、新たな法制度が必要とされ、昭和32年に水道法が制定された。

水道法は、清浄で豊富かつ低廉な水の供給を図ることによって、公衆衛生の向上と生活環境の改善に寄与するため、水道の布設および管理を適正かつ合理的なものとし、水道を計画的に整備し、水道事業を保護育成することを目的としており、このため、水道水質基準および水道施設等の基準を定め、水道事業の経営における義務や事業に対する監督等に関する規定を定めている。

以下に、水道事業経営に関係する水道法の規定について紹介する。

水道、水道事業の定義

①水道

水道法では、水道とは、導管およびその他の工作物により、水を人の飲用に適する水として供給する施設の総体をいうこととされている。つまり、人が飲んでも健康に害を及ぼしたり、不快にさせたりすることのない水を供給する、取水から配水までの一連の施設の全体のことである。

②水道事業

水道事業とは、給水人口が100人を超える水道によって、一般の需要に応じて水を供給する事業のことである。「一般の需要に応じて」とは、不特定多数の需要者に対し、その申し込みに応じて給水契約を結び水を供給するというものである。また、事業とは、特定の目的をもって反復継続して行われる活動を

いい、営利を目的とするかどうかは問わない。

　水道事業のうち、給水人口が5,000人以下の水道により水を供給する事業を簡易水道事業という。これに対し、給水人口が5,000人を超える水道による事業を便宜的に上水道事業と呼ぶことがある。

　後述する水道法に基づく認可を受けて水道事業を経営する者を水道事業者という。

　なお、給水人口が100人以下である水道によって水を給水する事業は、水道法の水道事業には該当せず、水道法による規制の対象外である。ただし、地方公共団体が条例等により規制措置を定めている場合が多い。

③水道用水供給事業

　水道用水供給事業とは、水道によって、他の水道事業者に対してその用水を供給する事業をいう。いわば水道水の卸売事業であり、供給するのは水道による水であるので、人の飲用に適する水、すなわち浄水を供給するものである。

　水道法に基づく認可を受けて水道用水供給事業を経営する者を水道用水供給事業者という。

④水道事業以外に使用される水道

　本書の対象とする「水道事業」は、上に掲げた水道事業と水道用水供給事業が対象となるが、水道法には、水道事業に用いられるもの以外の水道のうち、専用水道と簡易専用水道が位置付けられているので、参考までに紹介する。

(ア) 専用水道

　専用水道とは、一般の需要に応じて水を供給するものではなく、寄宿舎、社宅、療養所、養老施設等における自家用の水道のように設置者と特別の関係がある者に水を供給するための水道であって、100人を超える者に水を供給するものか、あるいは人の飲用等のための一日の最大給水量が20m^3を超えるものをいう。ただし、他の水道からの水のみを水源とし、口径25mm以上の管延長が1,500m以下かつ水槽の容量が100m^3以下のものを除く。

(イ) 簡易専用水道

　簡易専用水道とは、水道事業からの水のみを水源とし、貯水槽の容量が10m^3を超えるものをいう。ビル等に設置される貯水槽で水道事業からの水

を受けて建物内に給水する水道等が該当する。

水道事業に対する規制

水道事業および水道用水供給事業（以下、「水道事業等」という）に関しては、水道法によりさまざまな規制が定められている。

①事業認可

水道事業等を経営しようとする者は、厚生労働大臣または都道府県知事の認可を受けなければならない。

水道事業は、原則として市町村が経営することとされ、市町村以外の者は、給水する区域の市町村の同意を得た場合に限り経営することができることとされている。なお、水道用水供給事業については経営主体について特に規定はない。

認可権者に関しては、水道事業については、給水人口が5万人を超え、水源が河川水または河川水を取水する水道用水供給事業からの受水とする場合は厚生労働大臣の認可が、それ以外の場合は都道府県知事の認可が必要である。また、水道用水供給事業については、一日最大給水量が25,000m^3を超える場合は厚生労働大臣の、それ以下の場合は都道府県知事の認可となる。それぞれの水道事業者等に対する監督は認可を行った者が行うこととなる。

水道事業等の認可の申請に当たっては、申請書に、給水区域、給水人口、給水量、水道施設の概要、給水開始の予定年月日、工事費の予定額および財源、給水人口・給水量の算出根拠、経常収支の概算および料金等の供給条件等を示した事業計画書（水道用水供給事業の場合には給水区域・給水人口の代わりに給水対象となる水道事業を示し、料金等の供給条件は省かれる）と、一日最大給水量、水源の状況や水質試験結果、水道施設の規模や構造、浄水方法等を示した工事設計書を添付することとなっている。

申請については、以下のいずれにも適合していると認められるものについてのみ、認可することができる。

▼水道事業の開始が一般の需要に適合すること（水道事業のみ）。
▼水道事業等の計画が確実かつ合理的であること。

- ▼水道施設が施設基準に適合するようになっていること。
- ▼給水区域が他の水道事業の給水区域と重複しないこと（水道事業のみ）。
- ▼料金等の供給条件が定められた要件に適合していること（水道事業のみ）。
- ▼地方公共団体以外の者の場合は、事業を遂行することができる経理的基礎があること。
- ▼水道事業の開始が公益上必要であること。

　こうした認可に当たっての詳細の手続きや審査の方法に関しては、厚生労働省では認可の手引き等に示している。

　地方公共団体以外の者による水道事業等を認可する場合に、認可権者は、期限や条件を付すことができることとされている。この期限には、市町村が水道事業経営を開始しようとするときに容易に移行できるようにするために設定されることが考えられ、また、条件には、水道施設の譲渡や担保の制限等が考えられる。

　また、水道事業者等は、給水区域の拡張や給水人口、給水量の増加、水源の変更等により認可を受けた事業計画を変更しようとするときには、事業の変更の認可を受けなければならない。

　さらに、水道事業者等は、給水開始後においては、事業の全部または一部を、休止または廃止するには、認可権者の許可を受けなければならない。

　事業認可の取り消しについては、水道事業者等が、正当な理由なしに、事業認可申請時に提出した工事設計書中の工事着手予定日から１年以内に工事に着手しない場合、工事完了日から１年以内に工事を完了しない場合、または事業計画書の給水開始予定日から１年以内に給水を開始しない場合に、認可権者が行うことができることとされている。地方公共団体以外の水道事業者が以上の条件に該当する場合は、その給水区域の市町村が認可権者に認可を取り消すことを求めることができる。

②広域的水道整備計画

　水道水源の開発等、市町村の行政区域を超えた広域的な水道の計画的整備を推進し、水道事業等の経営、管理の適正化、合理化を図るための水道施設の整備、経営主体の統合等を図る必要がある場合に、地方公共団体は関係する地方公共団体と共同して、広域的水道整備計画を定めることを都道府県知事に要請

することができる。都道府県知事はこうした要請を受け、水道の広域的な整備に関する基本方針、区域、根幹的水道施設の配置等を内容として、広域的水道整備計画を策定する。

広域的水道整備計画が策定されている地域における水道事業等の認可に当たっては、当該計画との整合性が取られていることが審査対象となる。

③供給規程

水道事業者は、料金や給水装置工事の費用の負担区分といった供給条件を定めた供給規程を定めなければならない。供給規程は、水道事業者と需要者との給水契約の内容を示すものの、水道事業者が一方的に定める形となっているが、そこに示される供給条件は、事業の認可申請に提出される事業計画書に記載され、以下に掲げる要件を満たしていることから認可権者の認可を得たものであり、水道事業者および需要者双方に公正なものとなることが担保されている。

供給規程の要件は以下のようになっている。

- ▼料金が、能率的な経営の下における適正な原価に照らして公正で妥当なものであること。
- ▼料金が、定率または定額により、明確に定められていること。
- ▼水道事業者および需要者の責任に関する事項ならびに給水装置工事の費用の負担区分およびその額の算出方法が適正かつ明確に定められていること。
- ▼特定の者に対して不当な差別的取り扱いをするものでないこと。
- ▼貯水槽水道に関し、水道事業者および貯水槽水道の設置者の責任に関する事項が適正かつ明確に定められていること。

供給規程の変更について、水道事業者が地方公共団体の場合は、供給規程のうち料金を変更したときのみ、認可権者に届け出ることとされている。一方、地方公共団体以外の水道事業者の場合は、供給条件を変更しようとするときは認可権者の認可が必要である。

また、認可権者は、地方公共団体以外の水道事業者の料金や給水装置工事の費用の負担区分等の供給条件が、賃金や物価の大幅な変動、需要者構成の急変等の社会的経済的事情の変動や水道事業の経営環境の変動等により、適正な原価に比べて大幅な格差が生じている等著しく不適当なものとなり、料金が需要者にとって不当に高くなったり、水道事業者にとって不当に安くなり適切な事

業継続が困難になったり等の公共の利益の増進に支障が生じて水道事業の公益性が保持されなくなったと認めるときは、期限を定めて供給条件の変更の認可を申請すべきことを命令することができる。もし、水道事業者が期限内に申請をしないときは、認可権者が供給条件を変更することができる。

④料金

料金は水道事業者が供給規程により定める。供給規程の要件にあるように、料金は、水道事業が公益事業であり、かつ、地域独占的経営を許されているものであることから、公正妥当なものでなければならない。

料金の設定に当たっては、公益事業としてなすべき努力を行った上での能率的な経営において必要な人件費、薬品費、動力費、修繕費、受水費、減価償却費、資産減耗費等といった営業費用と、健全な経営を維持するために必要な支払利息、資産維持費を合わせた総括原価を算定し、それに見合った収入を得るような料金を設定することとされている。料金は、おおむね3年の間、財政の均衡を保つことができるように設定されたものでなければならない。

なお、料金の算定の考え方、具体的な算定方法について、社団法人日本水道協会が「水道料金算定要領」を示している。

⑤給水義務

水道事業者は、一般の需要に応じて水を供給する事業を、ある地域を独占して経営しているものなので、正当な理由がなければ、需要者からの給水契約の申し込みを拒むことはできない。正当な理由としては、当該需要者の給水装置がその基準に適合しないものである場合や配水管を布設していない地区からの申し込みで即座に給水できない場合、給水量が著しく不足している場合、多量の給水量を伴う場合等が考えられる。

また、水道事業者等は給水を受ける者に対し、常時水を供給しなければならない義務を負う。ただし、災害等によりやむを得ない場合には給水を停止することができるが、需要者等に対し周知しなければならない。また、水道事業者は、需要者が料金を支払わない場合や給水装置の検査を拒否したりした場合等正当な理由がある場合は、その理由が存在する間は、供給規程に従って、その者に対する給水を停止することができる。

⑥水質の確保

水道法により、水道により供給される水が、人が飲んで健康を害したり、においや外観等が飲料に支障を生じたりするものではないように、満たさなければならない水質基準が定められている。現在、水質基準は50の項目について設定されている。

水道事業者等は、水道水の水質検査を、定期的に実施しなければならず、その頻度は検査項目や原水の水質の状況等に応じ、毎日、月1回以上、3カ月に1回以上、年1回以上、3年に1回以上のいずれかによらなければならないこととされている。また、検査は水道事業者等の自前の施設で行うか、地方公共団体の機関あるいは厚生労働大臣の登録を受けた民間の機関に委託して行わなければならない。検査の実施項目や方法について、水道事業者は毎年度水質検査計画を策定しなければならない。

また、水道事業者等は、衛生の確保のため、水道水を塩素で消毒しなければならず、浄水場等の施設の業務従事者について水系感染症に罹患しているかどうかの健康診断を実施しなければならない。

水道により供給する水が人の健康を害する恐れがあることを水道事業者等が知ったときは直ちに給水を停止しなければならない。また、水道事業者等以外の者が水道水に関する危険を知ったときは、水道事業者に通報しなければならない。

⑦水道施設および給水装置

水道事業者等の管理に属する、水道のための取水施設、貯水施設、導水施設、浄水施設、送水施設および配水施設を「水道施設」といい、水道法によりそれらの施設が満たすべき基準が示されている。

事業認可の際に事業計画の認可の申請に添付される工事設計書等の書類や図面により布設しようとする水道施設が施設基準を満たすものであるかどうか審査され、布設工事の際には必要な資格を有する者が工事の監督を行うこととされている。また、設置された水道施設を使用して給水を開始する前に当該施設の施設検査を行うことおよび当該施設により供給される水が水質基準を満たすものであるかどうかの水質検査を行うこととされている。

一方、給水装置は需要者が設置するものであり、満たすべき構造と材質に関する基準が示されている。

水道事業者は、自身の需要者における給水装置工事を適正に施行することができる者として、給水装置工事主任技術者を有する等の要件に該当する者を指定給水装置工事事業者に指定することができ、供給規程の定めにより、指定給水装置工事事業者が施行して設置された給水装置によるものでなければならないこととすることができる。また、需要者の給水装置が構造および材質の基準に適合していなかったり、指定給水装置工事事業者が施行したものでなかったりする場合には、水道事業者は、給水契約の申し込みを拒んだり、その需要者に対する給水を停止することができる。さらに、水道事業者は職員を需要者の敷地内に立ち入らせて給水装置の検査を行うことができる。なお、給水装置工事主任技術者とは、厚生労働省が実施している給水装置工事主任技術者試験に合格した者である。

⑧**水道の管理**

水道の管理についての技術的な業務を担当する者として、水道事業者等は水道技術管理者を一人置かなければならない。水道技術管理者は、以下の業務に従事するか、あるいはこれらに従事する職員を監督しなければならない。

▼水道施設が施設基準に適合しているかどうかの検査
▼水道施設の給水開始前に行う水質検査および施設の検査
▼給水装置が構造および材質の基準に適合しているかどうかの検査
▼水質検査
▼施設の業務従事者について水系感染症に罹患しているかどうかの健康診断
▼塩素消毒等の衛生上の措置
▼供給する水に危険がある場合の給水停止措置

水道技術管理者は、関連する課程の履修経験や技術上の実務経験、講習の修了者といった要件により定められている資格を有するものでなければならない。

また、水道事業者等は、水道法の規定に従って、水道の管理に関する技術上の業務の全部または一部を当該業務にかかる水道法上の責務とともに、第三者に委託することができる。すなわち、本規定による委託を行った場合は、委託を行う業務については、該当する業務にかかる水道事業者等に対する水道法の責務は、業務を受託した者が負うこととなる。

例えば、浄水施設の管理業務を委託した場合は、その施設が施設基準に適合

しているかどうかの検査や勤務する職員の健康診断の実施、適切な塩素消毒の実施等水道法に定められている規定の実施について受託者が義務を負うことになる。このため、受託者は受託した業務に従事または当該業務に従事する職員を監督する者として、水道技術管理者と同じ資格要件を有する者を受託水道業務技術管理者に任じなければならないこととされている。

また、水道事業者等と受託者の責任範囲を明確にするため、水道施設の委託においては技術上の観点から一体として行わなければならない業務の全部を、給水装置の管理においては給水区域内すべての給水装置の管理に関する技術上の業務の全部を、一の者に委託しなければならない。受託者については他の水道事業者等または経理的、技術的な基礎を有するものでなければならないとされており、また、水道事業者等は当該規定による委託を行ったときは、認可権者に届け出さなければならない。

⑨情報の提供

水道事業者等は、水道の需要者に対し、水質検査計画、水質検査の結果、水道事業の実施体制、水道施設の整備や水道事業の費用、水道料金等の需要者の負担、給水装置や貯水槽水道の管理について毎年1回以上定期的に、臨時の水質検査の結果、災害時等における水道の危機管理については必要な場合に、情報を提供しなければならない。

⑩事業の監督

認可権者は、水道施設が施設基準に適合しなくなったと認められ、かつ、国民の健康を守るために緊急に必要があると認めるときには、当該水道事業者等に対し、期間を定めて当該施設を改善するよう命令することができる。水道事業者等が命令に従わない場合に、当該水道の利用者の利益を守るために必要なときには、給水の停止を命ずることができる。

また、認可権者は、水道技術管理者が職務を怠り、警告したにもかかわらず継続して職務を怠ったときは、水道事業者等に対し、当該水道技術管理者を変更すべきことを勧告できる。水道事業者等が勧告に従わない場合に、当該水道の利用者の利益を守るために必要なときには、給水の停止を命ずることができる。

認可権者は、水道事業者等から工事の施行状況や事業の実施状況について報

告を徴収したり、工事現場や水道施設に職員を立ち入らせて、工事の状況や水道施設、帳簿書類等を検査させたりすることができる。

　さらに、認可権者は複数の水道事業等が一体として経営することや給水区域を調整することが、給水区域、給水人口等に照らして合理的であり、かつ、著しく公共の利益を増進すると認めるときは、関係者に対しその旨を勧告することができる。

2．水道事業の状況

水道事業の数

　平成17年度末時点の水道事業等の数を**表1-1**に示す。水道法に基づく認可を受けている水道事業の数は9,396、うち簡易水道事業が7,794であった。市町村合併や事業の統合により簡易水道事業の数は減少し続けている。給水人口が5,000人を超えるいわゆる上水道事業の数は横ばいであったが、近年は市町村合併により減少の傾向にある。また、経営主体はほとんどが地方自治体である。上水道事業にわずかに存在する私営事業は、いずれもリゾート地を開発した事業者がそのエリアに対して水道事業を行っているものである。
　また、水道用水供給事業の数は102であり、市町村合併等により減少している。

水道普及率

　総人口に対して現在給水を行っている人口の比率である水道普及率は平成17年度末時点で97％であった（**表1-2**）。近年は微増が続いている。なお、この給水人口には水道事業には該当しない専用水道による水の供給を受けている人口が含まれている。
　また、水道普及率には、例えば東京都、沖縄県で100％、熊本県で85.2％というように、地域差がある。

表1-1　水道事業の数（平成17年度末）

種類		経営主体	事業数
水道事業	上水道事業 （給水人口5,000人超）	都道府県	5
		市	930
		町	569
		村	42
		一部事務組合	47
		私営	9
		小計	1,602
	簡易水道事業 （給水人口5,000人以下）	地方自治体	6,802
		その他	992
		小計	7,794
	計		9,396
水道用水供給事業		都道府県	45
		市町村	2
		一部事務組合	55
		計	102
合計			9,498

（厚生労働省健康局水道課調べ）

表1-2　給水人口と水道普及率（平成17年度末）

種類	給水人口（人）	総人口に占める割合（％）
上水道事業	117,788,179	92.2
簡易水道事業	5,788,385	4.5
専用水道	545,134	0.4
合計	124,121,698	97.2

※総人口は127,708,957人　　　　　　　　　　（厚生労働省健康局水道課調べ）

給水量

　上水道事業による年間給水量は近年微減傾向にある。一方、給水量のうち有効に使用された水量の割合である有効率および給水量のうち料金収入を伴う水量の割合である有収率は、配水管の更新整備、漏水対策等により増加し続けている。

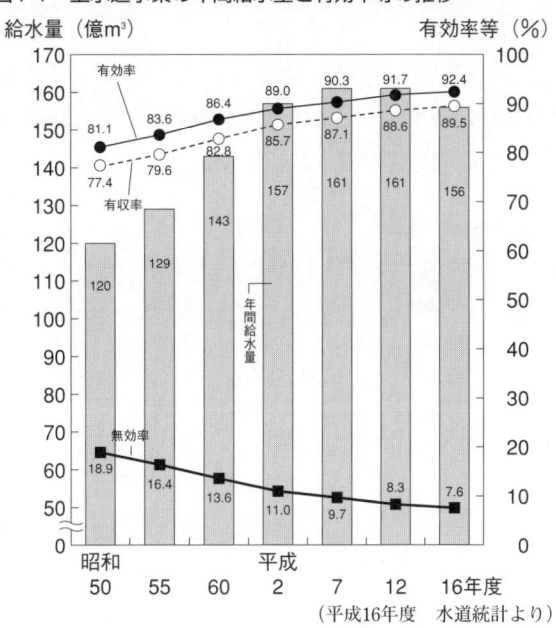

図1-1　上水道事業の年間給水量と有効率等の推移

管路延長

上水道事業および水道用水供給事業が使用している管路の総延長は平成16年度末時点で587,526kmであり、その9割以上である約55万kmが配水管である。管路延長は継続的に増加し続けている。

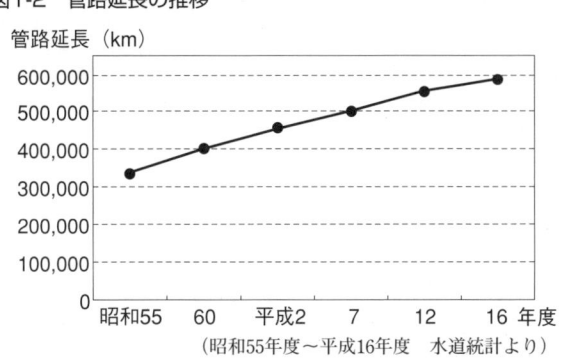

図1-2　管路延長の推移

職員数

　水道事業の職員数は減少している。内訳を見ると、上水道事業の技術職員、検針・集金職員、技能職員等が減少していることが分かる。

表1-3　水道事業等の職員数の推移

種類		昭和50	昭和55	昭和60	平成2	平成7	平成12	平成16
水道用水供給事業		3,344	4,208	4,394	4,469	5,019	4,964	4,860
上水道事業	事務職員	22,554	23,330	23,422	23,337	23,664	22,933	21,120
	技術職員	27,499	27,723	26,215	25,858	26,178	25,432	23,513
	検針・集金職員	4,898	4,486	3,420	2,547	2,091	1,261	810
	技能職員等	12,414	12,385	12,169	11,048	9,842	8,241	7,135
	臨時職員	1,176	1,424	986	942	1,073	1,250	1,370
	小計	68,541	69,348	66,212	63,732	62,848	59,117	53,948
簡易水道事業		5,315	5,213	5,054	5,259	5,933	5,409	4,970
合計		77,200	78,769	75,660	73,460	73,800	69,490	63,778

（昭和50年度～平成16年度　水道統計より）

3．水道行政の近況

水道ビジョン

　厚生労働省は平成16年6月に、わが国の水道の現状と将来見通しの分析・評価を踏まえ、水道のあるべき将来像を描き、すべての水道関係者が共通の目標をもって相互の役割分担の下で連携して取り組むことができるよう、今後の水道に関する政策課題とそれに対処するための具体的な施策および工程等を包括的に示した「水道ビジョン」を公表した。

　水道ビジョンでは、「世界のトップランナーを目指してチャレンジし続ける水道」を水道の将来像に掲げ、21世紀中ごろを見通しつつおおむね10年間を目標期間として、「安心」、「安定」、「持続」、「環境」および「国際」という五つの課題における政策目標を示している。これらの目標を達成するため、運営基盤の強化（新たな広域化の推進、運営形態の最適化、水道の運営・管理強化）、安心・快適な給水の確保（原水から給水まで一貫した水質管理徹底のための統合的アプローチ、未規制施設の管理充実）、災害対策等の充実（地震・渇水対策、事業者間の連携による総合災害対策）、環境・エネルギー対策の強化（環境負荷の低減、健全な水循環系の構築）、国際貢献（海外への水道技術の移転、国際化の推進）という項目別の具体的な施策を示している。

　厚生労働省では、水道ビジョンの実現に向けて、水道事業者等の取り組みを推進するためさまざまな方策の具体的な実施方法を示す各種ガイドライン等の作成や、水道関係者による水道ビジョンへの取り組み状況のフォローアップや必要な取り組みの検討等を進めている。

地域水道ビジョン

　水道ビジョンはわが国の水道全体が目指していくべき方向を示したものであ

るが、それぞれの水道事業者によって地域ごとのビジョンづくりとその実践が行われてこそ、水道の改善・改革が進み、水道ビジョンの目指す目的が達成されるのである。

　このため、厚生労働省では、各水道事業者等が自らの事業の現状と将来見通しを分析・評価した上で、目指すべき将来像を描き、その実現のための具体的な目標と方策を示すものとして、「地域水道ビジョン」を作成することを推奨している。地域水道ビジョンは各水道事業者等の経営戦略となるものであり、公表され、計画的に実行されるべきものである。

　その作成主体は、各水道事業者等が自らの事業を対象とすることが基本となる。ただし、簡易水道事業を有する市町村においてはそれらを包含して市町村単位で作成すること、また、水道用水供給事業とその受水水道事業においては、状況に応じ、共同で作成するか、互いに整合を図って作成することが望ましいとしている。さらに、広域的観点から、広域化を検討している複数の水道事業者が共同で作成することや、都道府県が管内の水道事業等を包括して作成することも考えられる。

　地域水道ビジョンの内容は、各水道事業者が地域の特性等を踏まえ、作成主体が創意工夫しつつ、作成すべきものである。また、策定の際には、検討会等を設置して需要者等の意見を広く聴取し、それを反映することが期待される。

　また、地域水道ビジョン作成に当たっては、事業の現状を正しく分析・評価することが何よりも重要である。現状評価は、(1) 安全な水、快適な水が供給されているか、(2) いつでも使えるように供給されているか、(3) 将来も変わらず安定した事業運営ができるようになっているか、など水道ビジョンの方針に沿った観点で行われることが望ましい。その際、平成17年1月に社団法人日本水道協会規格として策定された「水道事業ガイドラインＪＷＷＡ Ｑ100」は水道ビジョンの目標・施策を踏まえて作成されていることから、これに基づく業務指標（ＰＩ＝Performance Indicators）を活用することが有効であり、「地域水道ビジョン」と「水道事業ガイドライン」は、いわば車の両輪の関係にあるといえる。

　こうして、事業の現状を把握した上で、目指すべき将来像を設定し、その実現のための目標と方策を示すこととなる。これらは可能な限り具体的であるこ

とが望ましい。

　各水道事業者等がすでに策定している中長期的計画のうち、各水道事業者等が事業の現状および将来見通しを分析・評価し、目指す水道の将来像を示し、その実現方策を記述しており、かつ公表しているものは、地域水道ビジョンに該当するものと解釈して差し支えないとしている。平成19年5月現在、地域水道ビジョンに相当する計画は98あり、これらのうち上水道事業の給水人口の合計は5,208万人で、全上水道事業の給水人口の約44％となっている。また、同様に水道用水供給事業における1日最大給水量の合計は741万m^3／日で、全水道用水供給事業の1日最大給水量の約52％となっている。

国庫補助

　水道施設の整備には多額の資金が必要である。各水道事業者による水道施設整備は水道料金による収入を充てることが基本であるが、水道料金高騰の軽減や、水源開発や災害対策等の政策的に特に推進が必要と認められる施設整備の推進を目的として、定められた施設整備事業を対象に国庫補助を行っている。

　上水道事業に対しては、大規模または先行投資となるダム等の水道水源開発施設整備、市町村の区域を超える水道の広域化施設整備、浄水場の排水処理施設整備、水質検査施設整備、高度浄水施設整備、緊急時の給水拠点整備、管路の耐震化、石綿セメント管や老朽管の更新について一定の要件に該当する整備事業に対し、要件に従って、整備費用全額の2分の1～4分の1を補助している。

　また、簡易水道事業に対しては、水道未普および地域における水道の整備、簡易水道の統合整備、使用水量の増加や水質改善、老朽化施設の更新について一定の要件に該当する整備事業に対し、要件に従って、整備費用全額の10分の4～4分の1を補助している。

　平成18年度は、上水道事業に対する補助は559億円、簡易水道事業に対する補助は289億円の予算を確保し、各水道事業者の申請に応じ、それぞれの施設整備事業に補助金を配分している。

　なお、平成19年度予算において簡易水道施設の整備に対する補助制度につい

て、簡易水道事業の統合を推進することおよび国庫補助を高料金化対策に重点化することの観点から見直しをした。事業経営者が同一で、会計が同一または一体的な管理が可能である他の水道事業が存在する簡易水道事業は、そうした事業同士で統合すべき事業として、その施設の更新等は補助の対象としないこととなった。ただし、経過措置として、平成21年度末までに他の水道事業と統合または統合計画を策定し厚生労働大臣が承認した場合には、10年間は補助対象とすることとした。また、経過措置期間以降は、事業統合により上水道事業に含まれることとなった簡易水道施設の更新等を行う場合、その上水道事業の経営状況および更新事業の費用の要件に応じ、補助対象とすることとした。また、統合すべき事業に該当せず、存続する簡易水道事業に対しては、給水原価および供給単価の関係から経営条件が良好といえる事業については補助対象としないこととした。

これにより、各市町村における簡易水道事業の統合計画の策定が進み、統合による事業規模拡大によって、こうした小規模な施設による水道の運営基盤が強化されることとなる。

地震対策

わが国は地震国であり、平成7年の阪神・淡路大震災、平成16年の新潟県中越地震をはじめ、規模の大きな地震の際に水道施設が損壊し、水の供給が長期間停止することがたびたびある。そのため、水道施設の耐震化が不可欠であるが、その耐震化率は、浄水場は約20％、配水池は約30％、基幹管路は約14％にとどまっている。このため、各水道事業者等においては、水道施設の耐震化計画を策定し、計画的に耐震化を進めていくことが必要である。厚生労働省では、耐震化をいっそう推進するため、施設および管路の耐震化事業に対する国庫補助を行うとともに、水道施設の基準における耐震化要件の明確化を含めた対策について検討を進めている。

第2節 水道事業と地方公営企業法

1．地方公営企業法の適用関係

　地方公共団体が経営する水道事業は、地方公営企業法が全面的に適用される地方公営企業として、事業執行や財務などにおいて地方公共団体のその他の事務とは異なる特別の制度を設けている。一方、簡易水道事業については、条例により同法の適用を定めた場合に財務規定等についてのみ適用されるが、地方公営企業法を適用する公営簡易水道事業は平成16年度で30事業と少数にとどまっている。

「企業の経済性」の発揮と「公共の福祉」の増進

　地方公営企業は管理者が置かれ、管理者は地方公共団体の長、いわゆる首長の補助職員でありながら、独自に職員の任用、財務会計行為等を行う権限を付与される。また、地方公共団体の一般会計とは別に特別会計（公営企業会計）を設置することとされ、一般会計が官庁会計方式を採用するのに対し、公営企業会計では企業会計方式を採用し、損益計算や財務諸表の作成が義務付けられるなど、首長の部局の事業運営とは大きく異なっている。
　地方公営企業の経営の基本原則として地方公営企業法第3条では、「企業の

経済性」の発揮と「公共の福祉」の増進を挙げている。この「企業の経済性」とは、地方公共団体における事務処理の効率性という一般原則以上に、住民へのサービス提供に対する対価として料金を受け取り、自立的に再生産を継続するという民間企業と共通する経済合理性の発揮を意味する。企業の経済性を十分に発揮することにより、良質なサービスを安価に継続的に提供し、本来の事業目的である公共の福祉の増進に寄与することが求められている。

求められる自立的、永続的経営

水道サービスは、公衆衛生の向上など外部経済効果を伴うものではあるが、現在では水道使用者の個別的な便益にかかる部分が大きいと考えられる。このため、地方公共団体が経営する水道事業においても受益者負担の原則に基づき、水道使用者から徴収する料金をもって水道事業を自立的、永続的に経営することが要請される。地方公営企業制度は、首長部局から執行体制や会計を分離し、一定の独立性を与えることにより、受益者負担の原則の下、一般の行政運営とは異なった民間企業的な経営を制度的に担保するものといえる。

2．地方公営企業法の概要

　地方公営企業法は地方自治法など地方公共団体の事務運営に関する一般法に対する特別法と位置付けられる。以下、地方公営企業の主な特例について説明する。

一定の身分保障

　地方公営企業には原則として管理者が置かれ、①予算を調製すること、②議会に議案を提出すること、③決算を監査委員の審査および議会の認定に付すこと、④過料を科すことを除き、法令に特別の規定がない限り、当該の地方公営企業の業務を執行し、業務の執行に関し地方公共団体を代表する。管理者は地方公共団体の長が任命し、4年の任期中は法定の事由がない限り、罷免されないなどの一定の身分保障を有する。地方公営企業は地方公共団体の長の執行機関に属し、独立した法人格を有するものではなく、行政の一環として行われるものであるが、企業の経済性を発揮させる観点から、地方公営企業の経営組織を一般行政組織から切り離し、独自の権限を有する管理者に業務執行を委ねることにより、機動的な経営活動を保障している。

　事業の規模が小さな地方公営企業（水道事業にあっては常時雇用される職員数が200人未満または給水戸数5万戸未満）では、条例により管理者を置かないことができる。この場合は管理者の権限を当該地方公共団体の長が行うが、当該事業はあくまでも地方公営企業であり、地方公営企業法の各規定は全面的に適用される。

企業会計方式採用の理由

　地方公営企業の事務を執行するために、管理者の下に企業独自の補助組織と補助職員が置かれる。この補助職員は企業職員と呼ばれ、管理者が任免を行い、

表1-4 地方公営企業の主な特例

項　　目	地方公営企業	一般の行政（委員会等は除く）
業務執行	地方公共団体の長が任命する管理者が実施（任期4年、一定の身分保障）。管理者は予算の調整、議案提出等を除き、地方公営企業の業務を執行し、当該業務の執行に関し地方公共団体を代表	地方公共団体の長（知事、市町村長。以下「長」という）、地方公共団体を代表し、業務執行
規　　則	法令、条例、規則に違反しない限りにおいて、管理者が企業管理規定を制定	長が法令、条例に違反しない限りにおいて制定
補助組織	条例により企業独自の組織を設置	条例により補助機関、内部組織を設置
職　　員	管理者が企業職員を任免、指揮監督	長が任免、指揮監督
会　　計	特別会計	一般会計、ただし特定の事業は特別会計
独立採算	当該地方公営企業の経費は、法令等により他会計が負担するものを除き、経営に伴う収入をもって充てる	税、その他の収入により運営
計理の方法	企業会計方式	官庁会計方式
予　　算	業務の予定量、収入および支出の大綱を定める。弾力条項あり	一切の収入および支出を歳入歳出予算に編入
出　　納	管理者	原則として出納長または収入役
決　　算	管理者が調製し、地方公共団体の長に提出	出納長または収入役が調整し、長に提出
契約、資産の取得、管理、処分	管理者限りで行う。ただし、重要な資産の取得・処分は予算で定める	長が行う。ただし、重要な契約、財産の取得・処分は議会の議決が必要
労働関係	地方公務員法、地方公営企業労働関係法による（労働組合の結成、団体交渉、労働協約の締結が可。争議行為は禁止）	地方公務員法（労働組合、団体交渉、労働協約、争議行為とも不可。職員団体、交渉、協定締結は可）

指揮監督を行い、事業の運営体制という面からも独立性を有している。財務面では、特別会計を設け、独立採算の原則により経営を行うこととされる。経理の方法として、すべての経費および収益をその発生の事実に基づいて計上し、かつ、その発生した年度に正しく割り当て、その経営成績を明らかにするとともに、すべての資産、資本および負債について、その増減および異動を発生の事実に基づき、かつ、適当な区分等により整理し、その財政状態を明らかにす

るとされ、企業会計方式を採用している。

　現金の収入および支出のみに着目して経理を行う官庁会計方式では、収入とそのコストである支出が各年度において必ずしも対応関係にないことから、経営成績つまり利益が出ているか、損失が発生しているかを正確に把握することが困難となる。例えば、料金の収入が翌年度にずれ込んだ場合、官庁会計方式では翌年度の収入となるが、経費はすでに支出しているので、収益と費用の対応関係が不明確となり、経営成績を把握することが困難となる。また、施設建設など複数年度にわたって効用を発揮する支出についても、官庁会計方式では工事代金等を支払った年度のみの支出となり、収益と費用の対応関係が切り離されることとなる。

　企業会計方式では、収益はサービスの提供時など収益の原因が発生した年度に帰属させ、施設整備など複数年度にわたって効用を発揮する支出については、いったん資産に計上した上で、効用を発揮する各年度に減価償却という方法で費用として割り振ることで、収益と費用を対応させている。これにより、各年度の収益と費用を比較することになり、経営成績を明らかにすることができる。また、資産のみならず借入金などの負債についても、損益収支とは区別して累積して経理することにより、資産、負債の内容や金額など当該地方公営企業の財政状況を明らかにしている。そのほか、管理者は独自に契約の締結、資産の取得および処分の権限を有し、金銭の出納を行う。また、地方公営企業においても支出については議会で議決された予算に拘束されるものの、業務量の増加により収入が増加する場合における予算の超過支出や翌年度への建設改良費の予算繰り越しなど、弾力的な取り扱いが認められており企業としての弾力的・効率的な経営を保障している。

3．料金決定の基本原則

　地方公営企業は独立採算を原則とし、その経営に要する経費は負担区分に基づき一般会計等が負担する経費を除き、経営に伴う収入をもって充てなければならないとされる。この収入の中心をなすのが料金収入であり、料金のあり方が地方公営企業の財政状況を左右するといってよい。

公益事業に共通の料金決定基準

　地方公営企業法第21条では、地方公営企業はサービス提供の対価として料金を徴収することができるとされ、料金の決定基準として、料金は「公正妥当」なもので、かつ「能率的な経営の下における適正な原価」を基礎にして、当該企業の「健全な運営を確保」するものでなければならないと規定している。
「公正妥当」な料金とは、料金とサービスの内容とが均衡し、不当に高いまたは安いものでないことだけでなく、利用者の間においても合理的な理由なしに差別的な取り扱いがないことである。また、「適正な原価」とは、損益計算書上の費用すなわち営業費用のほか支払利息等を加えたもののことであるが、当該事業の費用に限られ、付帯事業などの費用は原価対象とはならない。「能率的な経営」を前提とすることから、非能率的な経営を行っている場合には、その部分の経費については原価から除かれることとなる。
「健全な運営を確保」するとは、永続的な事業運営を行うため必要な一定の事業報酬（利益剰余）を料金に含めることを認めるものである。地方公営企業は営利を目的としたものではないが、損益収支の均衡を図るのみでは、将来の施設更新の財源を十分に確保できない場合や企業債など借入金の増大により支払利息が増加し、結局は料金の高騰を招く場合などがあり、財政の健全性を損なう恐れがある。これにより、サービス提供に支障をきたすようでは、本来の事業目的を果たすことができなくなる。地方公営企業の独立採算とは短期的な収支の均衡ばかりでなく、長期的に事業を継続するに足る収入を確保することを

意味しており、企業自身の経営の中で内部留保を蓄積できるよう適切な料金設定が求められている。こうした料金設定の原則は、地方公営企業ばかりでなく、民間の電気、ガスなど公益事業に共通するものである。

総括原価主義の原則

　公益事業は、住民生活にとって不可欠なサービスを提供するとともに、程度の差はあるものの地域独占的な性格を有する。通常、市場競争にさらされている財やサービスの価格は、需要と供給の関係により定まるものであり、事業者が一方的に定めることは困難である。それに対して地域独占性を有する財やサービスでは事業者が価格や料金を定めることから、消費者の利益を擁護するためサービス等の提供方法や価格・料金設定などについて何らかの公的な規制が必要となる。

　公益事業の料金規制の方法としては総括原価主義による料金設定方式を原則としている。総括原価方式とは、損益収支の原価に事業報酬を加えたものを料金の基礎とするものである。事業報酬は事業用資産の額に一定の率を乗じた金額であるが、民営公益事業においても、事業報酬のすべてが株主や債権者等への利益配分となるのではなく、一部は内部留保され、施設更新など事業の永続的な経営に必要な原資となっている。公営公益事業では利益配当は必要ないとしても、一定の内部留保は永続的な事業経営のため不可欠といえる。

　地方公営企業法の料金決定原則も、総括原価法式を採用しているものと言える。さらに、水道法第14条第1項では、料金については事業者が供給規程に定めることとされ、第2項の各号で料金の基本原則が規定されている。「能率的な経営の下における適正な原価に照らし公正妥当なもの」、「定率又は定額をもって明確に定められていること」、「不当な差別的取扱をするものでないこと」とされる。地方公営企業法の料金決定基準と同様の趣旨と考えられるが、料金を一義的に決められることという要件が明確化されている。

　細目として水道法施行規則第12条では、料金がおおむね3年を通じ財政の均衡を保つよう設定されたものであること、営業費用と支払利息、資産維持費（公営企業における事業報酬相当額）の合算額から給水収益を除く営業収益を

控除した額を基礎とすること、水道の需要者相互間の負担の公平性、水利用の合理性および水道事業の安定性を勘案して設定されたものであることとしている。これらは、総括原価主義に基づき、中期的な事業財政の均衡を図れるよう料金設定を行うことを意味している。

二部料金制採用

料金設定のもう一つの要素として料金体系の問題がある。総括原価主義は料金の対象となる原価の範囲をどうするか、言い換えると料金総額をどのように定めるかという問題であるのに対し、料金体系とは個別の水道使用者に対する具体的な料金をどうするか、言い換えれば料金表をどのように作るかということである。不当な差別的取り扱いをするものでないことが求められ、使用者によって異なる料金とする場合には、合理的な理由が必要である。

料金体系には使用水量との関係から、使用水量にかかわらず一定の料金とする定額料金制と使用水量に応じて料金を決める従量料金制、定額料金と従量料金を組み合わせた二部料金制がある。水道料金が水道サービスの消費の対価であり、サービスによる受益の程度は水道使用量に比例すると考えられることや水道使用の浪費を抑制するという観点からは、従量料金制の方が優れていると考えられる。しかし、水道の原価を見ると固定的な経費が大きく、また財政的な安定性という観点からは定額料金制についても一定の合理性がある。このため、現在大半の事業体で両者の利点を組み合わせ、基本料金と水量料金から構成される二部料金制を採用している。

原価主義に忠実な料金体系

水道使用者との関係からは、すべての使用者について同一の料金体系となる無差別料金制と使用者によって料金体系が異なる差別料金制に区分される。差別料金制の典型例として用途別料金制と口径別料金制が挙げられる。

用途別料金制とは生活用とか営業・業務用、工場用など、水道使用の用途によって料金が異なるもので、一般的には生活用水について低廉化を図る一方、

営業用などについては高水準としている。これは水道使用者の経済的な負担能力により一定の差を設けようとするものである。しかし、用途によって水道の原価が異なるわけではないことや、負担能力といってもさまざまな見方があり一義的に評価をすることが難しく、合理的な用途区分が困難であるなど難点を有する。

　口径別料金制とは給水管の引き込み口径によって料金が異なるもので、口径が大きいほど基本料金を高くするのが一般的である。口径が大きいほど多量の水道を使用できることから受益の程度も大きく、また大量使用に応じた施設を準備する必要があることから、準備的なコストを上乗せし料金を高くすると考えるものである。個別の使用者の料金についても原価主義を貫くべきとする個別原価主義の原則にも適合的であるとされる。

　その他の差別料金制として逓増型料金制がある。これは水道使用量が多いほど料金単価が高くなるというもので、用途別、口径別のどちらとも組み合わせることができ、実際多くの事業体で採用されている。逓増型料金制導入の目的は、水道需要が急増する一方で、新規水源の確保が困難または多額の費用を必要とする場合に、使用水量の多い料金単価を高くすることにより大口の水道使用を抑え、水需要を抑制しようとするものである。それと同時に小口の水道料金が相対的に低くなることから、小口が中心となる生活用水の料金を低廉化する方策としても利用されてきた。現在でも水需要の抑制の必要は認められるものの高度経済成長期のような水道需要の急増は見込まれないことから、逓増の度合いを引き下げ、より原価主義に忠実な料金体系が求められている。

4．料金制度と財政

水道事業の財政状況

　水道事業は、独立採算による経営を原則としており、安定的、永続的な事業運営のためには適切に事業収入を確保しなければならない。以下、水道事業の財源の現状と将来の施設更新を見据えた財源確保のあり方を検討したい。

　平成16年度の水道事業の財政状況を地方公営企業年鑑により概観すると、料金収入は総収益の90％に当たり、水道事業が料金収入により、ほぼ独立採算で運営されていることが分かる。純利益は221,555百万円で、総収入に対する割合は6.9％に当たる。ただし、個別に見た場合には、358事業体で純損失を計上しており、383事業体で累積欠損金を有している。

　資本的支出は、建設改良費1,128,840百万円、企業債償還金720,312百万円が大半を占める。その財源としては、企業債、他会計出資金、国等補助金などの資本的収入が843,499万円であるが、これのみでは大幅に不足することから、損益勘定留保資金等の内部資金を充当している。この結果、許可済み企業債の年度内未発行額等を控除した実質財源不足額は1,327百万円となっている。

資本的収支不足額の財源補填

　資本的支出については、資本的収入のみでは不足し、内部資金も財源としているのが通常である。資本的収入は企業債や出資金、補助金が主であり、企業債の借り換えを除き企業債償還金の財源とはならないことや、将来の財政負担を考慮すると企業債発行を抑制する必要があるためである。損益勘定留保資金とは、減価償却費や資産減耗費、繰延勘定償却費など営業費用として経理するが現金支出を伴わない経費のことで、そのまま資金が企業の内部に留保される。減価償却費は将来の施設更新時に必要な財源の積み立てという意味もあるが、

第1章 水道事業の仕組み

図1-3 水道事業の収支の状況（平成16年度末）

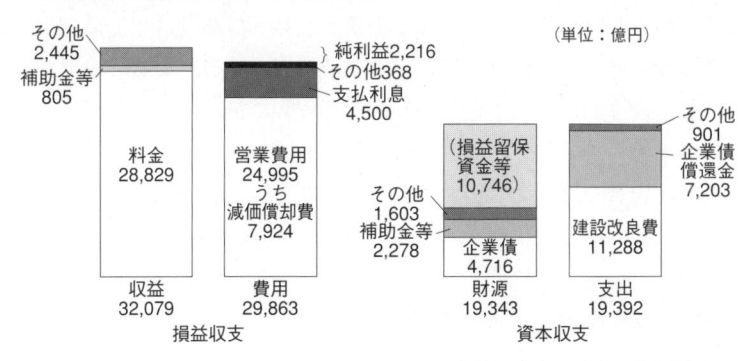

（単位：億円）

損益収支

収益 32,079
- その他 2,445
- 補助金等 805
- 料金 28,829

費用 29,863
- 純利益 2,216
- その他 368
- 支払利息 4,500
- 営業費用 24,995
  - うち減価償却費 7,924

資本収支

財源 19,343
- 損益留保資金等 10,746
- その他 1,603
- 補助金等 2,278
- 企業債 4,716

支出 19,392
- その他 901
- 企業債償還金 7,203
- 建設改良費 11,288

（平成16年度 地方公営企業年鑑より）

図1-4 総括原価の構成

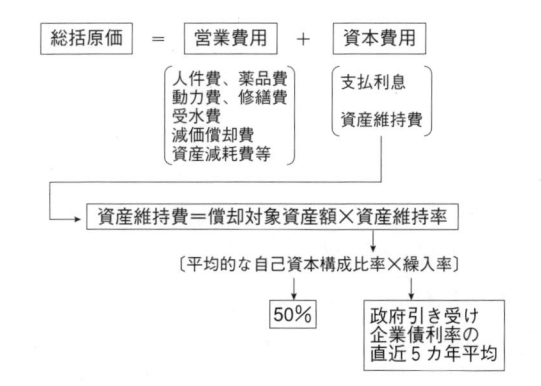

総括原価 ＝ 営業費用 ＋ 資本費用

営業費用：
- 人件費、薬品費
- 動力費、修繕費
- 受水費
- 減価償却費
- 資産減耗費等

資本費用：
- 支払利息
- 資産維持費

資産維持費＝償却対象資産額×資産維持率

〔平均的な自己資本構成比率×繰入率〕

50％　政府引き受け企業債利率の直近5カ年平均

図1-5 二つの料金算定方式の比較

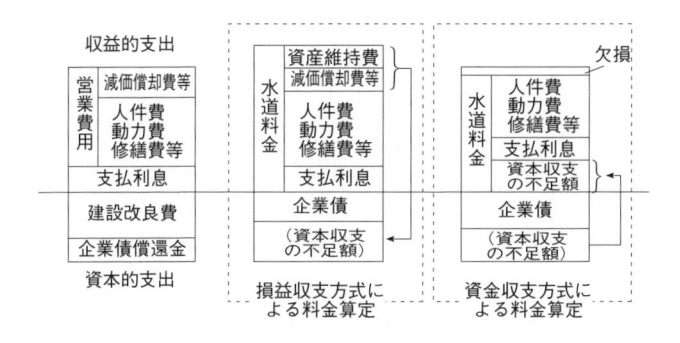

収益的支出
- 営業費用
  - 減価償却費等
  - 人件費、動力費、修繕費等
- 支払利息

資本的支出
- 建設改良費
- 企業債償還金

損益収支方式による料金算定
- 水道料金
  - 資産維持費
  - 減価償却費等
  - 人件費、動力費、修繕費等
  - 支払利息
- 企業債（資本収支の不足額）

資金収支方式による料金算定
- 水道料金
  - 人件費、動力費、修繕費等
  - 支払利息
  - 資本収支の不足額
- 欠損
- 企業債（資本収支の不足額）

41

将来の施設更新時まで留保し預金等に置いておくよりも、企業内部で有効に活用することの方が財政的に有利である。また、減価償却費は過去に支出した施設建設費の繰り延べと見れば、当然、企業債償還の原資となるものである。いずれにせよ、資本的収支の不足額を減価償却費等で補填（ほてん）することは法制度上も予定しているものである。

損益勘定留保資金は営業費用の一部であり料金原価を構成しているものであるが、さらに資本的支出の財源を確保するため事業報酬が必要となる。

事業報酬（資産維持費）の具体的な算定方法

水道事業は浄水場や給水所、配水管などの膨大な施設を保有し、水道サービスを継続して提供するためには、これらの施設を常に適正な状態に維持することが必要である。施設整備は一度建設をすれば終わりというのではなく、適時適切に更新していかなければならない。水道事業ではこのような施設の更新のサイクルが非常に長く、建設時と更新時との物価水準の変動や施設の整備レベルの向上などから、当初の建設費により算定される減価償却費のみでは施設更新の財源として不十分である。さらに、施設整備の財源をすべて企業債に頼っていたのでは、支払利息や償還金など将来的な財政負担の増大を招くこととなる。このため将来にわたって健全な経営を行うために必要な財源（事業報酬）についても、水道事業の独立採算の趣旨から料金に求める必要がある。

水道料金の具体的な算定方法としては、社団法人日本水道協会が作成した「水道料金算定要領」（平成10年7月）がある。同算定要領は、地方公営企業法、水道法の料金算定の考え方に基づいており、適正な料金としては、①事業の能率的経営を前提とする原価を基礎、②総括原価は水道施設の拡充強化のための原価をも含む、③料金負担の公平の見地から各使用者の料金は個別原価に基づくものであるとの原則を挙げている。「水道施設の拡充強化のための原価」とは、事業報酬に当たるものであり、算定要領では資産維持費と称している。

料金の水準を決める総括原価については、営業費用と資本費用の合計額で、資本費用は支払利息に資産維持費を加えたものとしている。支払利息については地方公営企業の建設改良財源の調達手法がほぼ企業債に限定されるとともに、過不

足を生じさせないという観点から個別の積み上げ方式を採用している。資産維持費とは事業の実体資本を維持する等のために必要な施設整備、拡充等の財源として充当されるべき額のことであり、民営公益事業の事業報酬のうち企業内に内部留保すべき額に相当する。資産維持費については償却対象資産に資産維持率を乗じた額とし、資産維持率は平均的な自己資本構成比率に繰入率を乗じた率とし、繰入率については政府引き受け企業債利率を基準とするとしている。

資産維持費の会計上の取り扱い

資産維持費は会計科目ではなく費用の執行とはならないので、決算上は利益剰余金として表記される。これを建設改良費等、資本的支出の財源とするためには、利益剰余金処分として減債積立金や建設改良積立金等に積み立てた上で、取り崩して財源に充てることとなる。利益剰余金の処分は翌年度に入ってからとなるので、翌年度の資本的支出に充てることとなる。ただし、利益剰余金の予定処分を予算に計上している場合には、予算計上額および利益剰余金の範囲内で決算年度の資本的支出の財源とすることができる。減債積立金や建設改良積立金等を取り崩して財源とした場合には、自己資本が増額し財政状態の健全性が向上することとなる。

収益的支出

収益的支出については、他会計や他企業からの受託事業など特定の収入により実施するものを除き、水道料金で賄われる。資本的支出については、施設整備等の補助金を除けば、企業債や損益勘定留保資金、積立金が財源となるが、最終的には水道料金がその源泉となっており、水道事業は基本的にすべて水道料金によって賄われることとなる。

もう一つの料金算定方法

水道料金の算定については、これまで述べてきたような営業費用と資本費用

を基礎とする損益収支方式のほかに、収益的支出や資本的支出の区別をすることなく、企業債収入や補助金などの関連収入を除いた現金の支出を基礎とする資金収支方式を採用する事業体も多い。資金収支方式は一般会計における官庁会計方式と同様の考え方で、現金収支のみで料金を設定するため、対外的な説明方法としては分かりやすい。しかし、減価償却費など現金支出を伴わない費用を料金算定の対象経費に含めないことから、内部留保資金を十分に確保できないことが多い。このため短期的には事業経営に支障がない場合においても、長期的な事業経営を見た場合、財源不足により適切な施設更新ができないとか、また施設更新時に料金の高騰を招くなど、健全な経営を確保することが困難になりかねないという問題を抱えている。

　今後、施設更新需要の急増が見込まれることを勘案すると、更新需要等に備え財政の健全性の向上を図ることができる損益収支方式による料金算定方式が普及することが望ましいといえる。しかし、それぞれの事業体での個別の事情により資金収支方式による料金算定を継続せざるを得ないという場合においても、企業債発行の抑制を図り必要な財源を料金に求めることにより、資産維持費に相当する額を確保するなど、財務体質を強化していく必要がある。

5．料金設定の手続き

　料金の設定手続きについて地方公営企業法は特段の規定を設けていないが、地方公共団体が経営する水道事業の水道料金については地方自治法第225条に規定する公の施設の使用料に該当し、同法第228条第1項により条例で定めることを要する。この条例で定める水道料金については、料金表など個別の使用者について料金を計算できるよう具体的な内容が求められる。

民主的手続きにより決定

　公の施設とは、地方公共団体が住民の福祉を増進させる目的をもってその利用に供するために設ける施設である。水道サービスは、人的な組織を含む水道施設を通して一定の質と圧力の水が供給されるものであり、業務実態から見ても施設の建設や維持管理にかかる部分が大きく、水という財物の売買というよりも、水道施設の利用関係と見られ、水道事業は公の施設に当たるとされる。なお、料金等以外の項目でも、公の施設の設置および管理に関することは条例で定める（地方自治法第244条の2第1項）とされており、供給規程を条例で定めるのが一般的となっている。

　条例は地方公共団体の議会の議決を必要とすることから、水道料金は民主的な手続きによって決定されることとなる。この条例については、地方公共団体の長が議会に提案し議決を受けるのであるが、実務的には地方公営企業管理者が当該企業の財政状況を勘案し、料金表の原案を作成することとなる。

　まず、管理者は、将来の施設整備費や維持管理経費、事務費、支払利息、企業債償還金などの支出と現在の料金による給水収益、補助金、負担金、企業債発行など収入を見込み、中期的な財政状況を推計して、料金改定による財政状況の改善が必要であるかを検証する必要がある。財政状況の推計に当たっては、給水普及率や人口等から水需要を的確に予測するとともに、施設更新や耐震化などを含めた施設整備計画を基礎とし、十分な経営効率化を前提とするもので

なければならない。

　料金はこうして推計された費用などを基礎に、先に述べた料金算定方法に基づき、財政収支が均衡するように設定される。議会審議の際の説明や住民への情報公開などの資料として、中期財政計画や水道の需給見込み、財政および事業運営等の指標などを併せて、作成するのが一般的である。社団法人日本水道協会が平成11年9月に取りまとめた「経営情報公開のガイドライン及び水道事業者間の適正な比較評価をなしえる経営効率化指標」では、新旧料金の比較、料金算定の考え方、中長期的な事業計画、経営効率化計画など17項目にわたる詳細な情報を公開すべき事項として例示している。また、料金改定等に当たっては事前に学識経験者や住民代表などからなる審議会を設置し、意見を聞くことも多い。

信頼獲得の重要性

　料金改定は住民負担の増加となることが多いことから、議会を含めなかなか理解されないことが多い。このため、大幅な赤字の発生など対応が後手になったり、財政の逼迫により必要な施設更新が遅れたりするなど、健全な事業運営に支障を来す場合もある。水道事業者としては、水道は日常生活を支える重要なサービスであり、受益者負担の原則に基づき事業運営が行われていることや、サービス水準と施設整備、料金負担等との関係を分かりやすく示し、住民や議会などの理解を得ることにより、料金の適正化を図る必要がある。料金改定という一時期のみではなく、日ごろから情報公開や広報公聴活動を通じて、住民等のニーズを十分に把握するとともに、その信頼を獲得していくことが重要である。

　なお、地方公共団体は料金の変更について厚生労働大臣に届け出なければならない（水道法第14条第5号）。一方、地方公共団体以外の水道事業者が供給規程を変更する場合には厚生労働大臣の認可を必要とする（同法同条第6号）ことから、供給規程の一部である料金の変更についても認可を受けなければならない。これは、事業者の一方的な料金変更により水道使用者に不利益とならないようにするためであり、地方公共団体については議会の関与等の民主的な手続きを経ることにより水道使用者の利益を守ることができることから、届け出とされているものである。

6．経営課題とその対応策

　地方公営企業が企業の経済性を発揮し、良質なサービスを低廉な価格で将来にわたり安定的に提供していくためには、厳しい社会環境の変化に適切に対応し、経営基盤を確立していくことが不可欠である。このためには、これまで述べてきたような適切な料金算定が前提となるが、いくつかの経営課題に対応するための方策について言及する。

施設更新への対応──アセットマネジメントの採用

　第一の課題は今後集中的に到来する施設の更新への対応である。水道施設の多くが、水道普及率の急速な拡大、水需要の急増に対応して高度経済成長期前後に建設されている。法定耐用年数を基に現在価値に換算して現有施設の更新需要を推計すると平成32年に更新のピークを迎え、その額は平成12年の1.5倍

図1-6　現有施設の更新需要

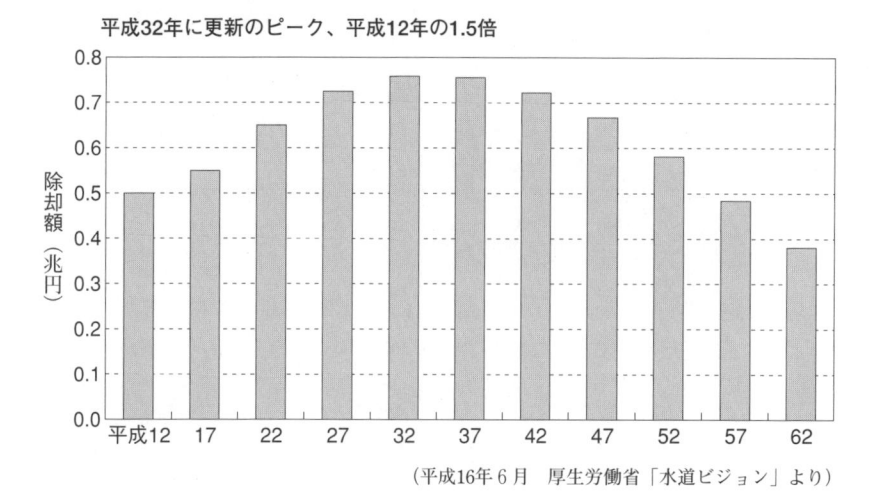

平成32年に更新のピーク、平成12年の1.5倍

（平成16年6月　厚生労働省「水道ビジョン」より）

になると言われている。財源の確保および施設整備の実施体制という両面からの課題を抱えることとなる。

　施設更新も含めた長期的な施設整備を見込み、適切な資産維持費を料金算定時に計上することはもちろんであるが、集中的に更新が到来することによる問題を回避するためには、施設更新自体の分散化が必要である。一つの解決策としてはアセットマネジメント手法の活用が挙げられる。水道施設は取水施設、浄水施設、配水施設とさまざまな規模の施設から構成されている。それぞれの施設についてライフサイクルコストを考慮し、適切な時期に改修を行い耐用年数の延命を図り、施設全体として将来も含む総コストの縮減を図っていこうとするものである。これによりコストメリットだけでなく、更新時期の分散化を図ることも可能となる。

　また、管路は布設年次別に個別管理が可能であるとしても、さまざまな管路の集合体と見ることも可能であり、全体としてその機能を維持していくためには、毎年、一定割合を取り替え続けていく必要がある。これは管路全体で見れば耐用年数を大きく延ばすものではなく、修繕と同様に見ることができ、新設時は建設改良費で執行したとしても、取替えについては費用執行することが認められる。このような経理手法を取替法という。管路の取替えを費用化するとともに、修繕引当金を活用し、長期的に費用を平準化することにより、財政の平準化を図ることが可能となる。

図1-7　アセットマネジメント手法を活用した施設更新

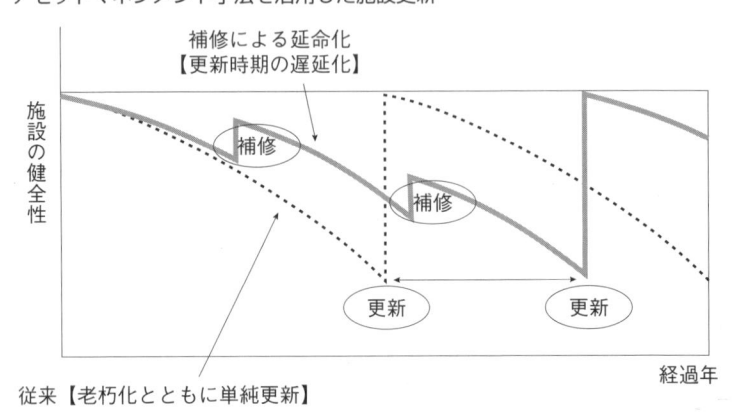

ダウンサイジングを考慮した更新計画

　第二の課題は水需要の減少傾向である。日本はすでに人口減少社会を迎えており、遅かれ早かれいずれの事業体においても水道需要は減少していくものと見込まれる。水道施設は長期的な水需要を予測し、その予測に従って整備するものであるが、断減水を避けるためには施設能力が水需要を下回ることがないよう先行的に整備を行わなければならない。このため常に一定の余剰施設能力を抱えざるを得ないのであるが、今後、水需要が減少に転ずると、必要以上に余剰が生じることとなることから、長期的な水需要予測に基づきダウンサイジングを考慮した施設更新計画を策定していく必要がある。ただし、現在の地方公営企業会計制度では、施設能力のダウンサイジングに合わせた資本の減少の手続きが明確ではなく、今後の検討が待たれる。

　また、地域によっては大口の使用者が地下水を利用した専用水道へ切り替えたことにより、水道需要の減少をもたらしている例も多くなっている。逓増型料金制の下で大口使用者の料金単価が高くなっていることから、大口使用者に専用水道への切り替えの経済的な誘因が働くこととなる。これにより事業体は大きな料金収入源を失い、財政的にも大きな痛手を被ることになる。社団法人日本水道協会の「地下水利用専用水道の拡大に関する報告書」(平成17年3月)によると、このような専用水道でも一定の設備投資が必要なことから、そのコストが水道事業の給水原価より安くなるということは起きておらず、料金の逓増度を引き下げるならば、水道事業としても十分競争可能であることが示唆されている。

　専用水道問題に限らず、水道需要の増加が見込めない現状では、逓増型料金制による需要抑制という本来の意義は限定的となっており、原価主義に基づく小口使用者の料金の適正化と併せ、料金体系の見直しが必要となっている。

民間的な経営手法の導入——PFI、アウトソーシング

　第三の課題としては事業執行体制のあり方である。平成16年4月の総務省自

治財政局公営企業課長通知「地方公営企業の経営の総点検について」では、地方公営企業形態によるサービス供給の適否を再検討し、必要性自体を根本に立ち返って検証することを求めるとともに、地方公営企業を継続する場合にあってもPFI（Private Finance Initiative）やアウトソーシングなど民間的な経営手法の導入促進を求めている。また、サービスの安定的な供給のため、中期経営計画を策定し、業績評価を行うなど経営の健全化、効率化等経営基盤の強化を図るとしている。

さらに、平成17年3月に国が発出した「地方公共団体における行政改革の推進のための新たな指針」で示された集中改革プランでは、地方公務員の定数管理のいっそうの適正化が求められている。地方公営企業の職員については、管理者が任用し、その給与の種類および基準については条例で定めるが、その額および支給方法については管理者限りで定めるものとされている。しかし、実態は首長の部局と横並びで決定されることが多く弾力性を欠いていることもあり、企業職員といえども地方公務員として地方行革の下いっそうの定数削減を迫られている。高度経済成長期に大量採用した職員がこれから一斉に退職期を迎える一方で、新規採用数を控えることによりいっそうの定数削減をしようとしている。

しかし、地方公営企業では現場での業務が多く含まれ、このような業務は職員定数を削減しても減少するわけではないので、それを補うためには思い切った委託化の推進が必要となる。委託先との役割や責任分担を明確にした包括的な委託など、新たな手法を検討していかなければならない。また、少数職員で事業運営を行うためには、計画、企画、監理部門等への集約が求められ、これまでの業務実施上のノウハウを厳選して承継、蓄積するなど、新たな経営体制の構築が求められる。

二つの方向性

地方公営企業は制度的には一般の行政組織に対して独立性が与えられているが、その一方で地方公共団体の長の執行機関に属している。このため、地方公共団体によってその程度はさまざまであるが、予算、人事、組織体制などに関

し首長の部局からの事実上の影響やまた一般の行政組織と同様の政治的な影響を受けるなど、完全に独立的かつ企業的な経営を貫くことは困難である。地方公営企業としては企業的な経済合理性のいっそうの発揮が求められるが、その方向性としては大きく二つあると考えられる。

　一つは、地方公営企業法を最大限に生かし、給与や任用などについて首長の部局との横並びを廃し、民間企業に準拠し効率性を最大限に発揮するなど独立性を高める方向である。地方独立行政法人化も選択肢となると思われる。

　もう一つは、長の執行機関の一つとして行政サービス面を重視し、首長の部局との均衡を図りながら、業務の実施については包括的な民間委託を取り入れるなど官民のパートナーシップを強化し民間的経営を採り入れていく方向である。水道事業の短絡的な民営化議論は下火となったものの、水道事業の特性を踏まえた経営のあり方に対する議論は深まりを見せており、市場化テスト、第三者委託、指定管理者制度などさまざまな経営モデルが示されている。

　将来にわたり質の高い水道サービスを最大限の経済性をもって提供していくためには、公営水道事業をどのように経営していくか、経営体制を含め抜本的な検討を進める必要がある。

第3節　地方自治体財政と水道事業

1．地方自治体財政を取り巻く状況

　水道事業をはじめ、これまで地方自治体が担ってきた地方公営事業や社会資本整備事業に関する資金調達、信用形成の今後のあり方を考えるためには、地方分権と行財政改革の動向を踏まえておかなければならない。

　戦後、「均衡ある国土の発展」を実現するため、国は税源の6割を確保し、地方自治体の政策を一元的にコントロールするとともに、その資金調達においても地方債の発行において「暗黙の政府保証」が存在し最終的には国が返済を担保するという仕組みが形成されてきた。こうした仕組みは、閉鎖的で画一的な大量生産・大量消費を前提とする産業国家において、金融市場が未成熟であり、かつ右肩上がりの経済成長が見込める時代には有効性を発揮した。

　しかし、少子高齢化による人口減が現実のものとなり、グローバル化による情報化、金融市場の成熟化といった環境変化の下では、この仕組みは限界に達している。国の債務は天文学的な数字となり、その償還のためには厳しい歳出抑制と増税を含む歳入増加のための施策を講ずることが不可避な情勢にある。これまで重点整備の対象となってきた社会的なインフラ整備が一巡する中で、特定の施設整備以外に使途を縛られる補助金の仕組みと最終的には国が返済を保証する地方債制度は、施設整備のプライス・シグナルをゆがめ、結果として

第1章 水道事業の仕組み

地域には不必要な施設が多数建設され、地方自治体はその維持管理に苦しむという事態を作り出した。国土のすべての地域が同様に発展することはもはや望めないし、それぞれの地域の独自性をかき消すような画一的な発展は望ましいものでもない。地域の特色を生かし、その活力を生み出すためには、地方分権を進め、地方自治体の歳出の量と質を自ら決定できる仕組みを構築することが不可欠な時代となっているのである。

本項においては、近年急速に進みつつある制度改革の議論を紹介し、水道事業の背景となる地方財政改革のスピード感を説明するとともに、そうした環境変化に対応した望ましい水道事業のガバナンスの仕組みについて議論を進める。

地方財政の深刻さと現場の危機意識の乖離

地方財政が危機的であるということについては数多くの指摘があり、実際に夕張市のように破綻するケースも出てきている。しかし、こうした一般的な地方財政に対する危機感と水道事業を含めた地方自治体の現場における事業経営の見直しの切迫感との間には、小さくない乖離が見られる。原因として考えられるのは、そもそもわが国の地方自治体が自立的経営を求められるようになってから日が浅いことが指摘できよう。しかし、地方自治体職員から言えば、マスコミで広く放漫経営と批判される実態を招いたのは自分たちの責任ではないという意識があるものと思われる。

一般に財政政策の機能としては、資源分配機能、所得再配分機能、景気調節機能の三つがあるとされる[1]。しかし、これまでの地方財政においては景気調節機能については意識されることがほとんどなかった[2]。地方分権が叫ばれる中、近年地域における雇用確保が重要政策課題として浮上し、地域経済活性化策が検討されているが、そのメニューは小粒なものであり、政策効果としても小さいものがほとんどである。これは地方自治体の政策形成能力の問題というより、財政政策として議論されてきた内容のほとんどが国民経済を総体として扱うことを前提としており、現実問題としても地方自治体には経済政策を自主的に担うことは期待されてこなかったからである。ここで重要なことは、こうした財政政策を旧大蔵省を頂点とする国家官僚機構が独占的に決定する仕組み

は、広く一般的に理解されているように地方自治体に自主的な課税制度や給付制度を設けることが制度上認められてこなかったからというより、むしろ意図的にあいまいにされた地方交付税の算定根拠に基づき、地方自治体には国の政策の誠実な執行者でいる限りその財源も国が保証するものとの暗黙の前提が維持されてきたために、地方自治体においてあえて政策執行のための資金調達を考える必要がなかった。すなわち、地方自治体の執行現場においては、この自主財政支出分も旧自治省の許可に基づく地方債の発行により調達し、さらにその償還も最終的に地方交付税交付金によって賄われると認識されていた。これにより、公共事業の地域にもたらすベネフィットに比してそのコストが過少にしか意識されず、公共事業の政策的成果としての地域経済の活性化も過小にしか意識されてこなかった。このことが無駄な公共事業や自治体の放漫経営として指摘される事態を招いたのである。

　1990年代の景気活性化のための経済対策は、こうしたモラルハザードを急速に拡大した。しかし、90年代の後半以降の地方分権の流れの中で、地方債の償還も含めて分権改革が議論されることになった。国全体の財政再建の流れの中では、夕張市の破綻に代表されるような厳しい財政改革も当然のことと理解されるが、地方自治体の現場では地方財政の破綻の引き金は90年代の景気対策に地方側が付き合わされたものであり、その償還を一方的に分権化されることに対する不満が根強く残っている。現在、北海道内の一部の自治体では、市長以下職員給与の引き下げをはじめとして、夕張市が財政再建団体への転落決定後策定した財政改革プランを先取りするような厳しい財政改革が行われている所もある。しかし、こうした自治体においても、歳出改革を行っても同時に地方交付税も減額されるため、結果的には財政が健全化できていないのが現実である。地方自治体職員の本音としては、国の景気対策に付き合うために積み増した事業によって負わされた負債を、自らの身を削って返済しようとする努力をしても、その成果は地方交付税の削減という形で国に吸収されてしまうのでは納得できないということであろう。

　こうした職員の意識を推察すれば、本書の対象とする水道事業のようにフローベースでの収入が確保される事業の運営は、現下の地方財政の悪化とは基本的には無縁であり、公共の福祉の基礎的部分を担っている以上、一部民間的手

法を導入して経営効率の向上を図る必要があるにせよ、これまでと同様の経営形態を維持すべきと思う職員が少なからずいることにはそれなりの理由がある。

地方財政改革の概要

　しかしながら、現在の地方財政改革は、そうしたこれまでの債務の責任論を超えて、進展している。

　政府による2006年の「経済財政運営と構造改革に関する基本方針2006」(「骨太の方針2006」)では、2015年度までの構造改革、そして今後10年間の新たな課題について、①成長力・競争力の強化、②財政健全化への取り組み、そして③安心・安全の確保と柔軟かつ多様な社会の実現を掲げている。少子高齢化時代を迎え、日本経済の付加価値を高めるとともに、これまでの財政運営で蓄積した資産・負債をスリム化し筋肉質の経済財政構造をつくり出すことを目標としている。第一の成長力・競争力の強化では、①国際競争力の強化、②生産性の向上、③地域活性化戦略、④改革断行による新たな需要の創出、などを掲げ日本経済の潜在的成長力、競争力を引き上げるとともに、①規制改革、②市場活力と信頼性の維持・向上、③公を支えるシステム改革に引き続き取り組むことで民間の活力を高め、新たな官民関係を形成することが提示されている。

　こうした経済の成長力・競争力の強化とともに大きな課題として提示されているのが、「2007−2011年度財政健全化第2期」と位置づけられる財政健全化への取り組みである。そこでは、「歳出・歳入一体改革」が柱となっている。歳出面では具体的事項として、①国、地方を通じた公務員の定員削減、②給与構造改革、③公務員制度改革、④独立行政法人、公益法人の改革とともに、地方財政改革が大きなテーマとして掲げられている。この地方財政改革では、交付税の歳入保証型への移行、地方債自由化と再生法制の整備、地方行政改革、地方歳出と交付税総額の削減、国と地方のバランスの取れた財政再建が示されている。こうした取り組みを通じて、①2011年度の国・地方全体の黒字化、②2010年代半ばに債務残高ＧＤＰ比の発散を止めるという基礎的収支に関する基本的目標が掲げられている。

　この地方財政改革の本質は、暗黙の政府保証から脱却し、地方財政の自由度

を高めることである。06年7月の総務省「地方分権21世紀ビジョン懇談会報告書[3]」では、国中心、暗黙の政府保証を前提とする地方財政という現状から10年以内に税源移譲等地方財政の自由度を高めた新制度への移行を終了すべきとして、改革の工程表を示して提言している。ここで検討されている地方財政改革の概要は以下のとおりである。

(1) 税源移譲

地方財政の自由度を高めるためには、地方への税源移譲を進めることが大前提となる。国と地方の仕事量（歳出費）が4：6であることを踏まえ、10年後までに国と地方の税源配分費においても現在の6：4から4：6に近い水準を目指すべきと打ち出した。

具体的には、2004年度で租税総額82兆円のうち国税48兆円、地方税34兆円で、国と地方自治体の税源配分比率は6：4であるが、2005年度までの三位一体改革を含め、今後3年程度の移行期間において総額5兆円の税源移譲を実現し、税源配分比率を5：5とすることとしている。最終的なゴールである4：6への移行にはさらに、地方交付税を形成する法定率分[4]に相当する14兆円規模の地方移譲を実現する必要がある。現時点での議論は、具体的にそれぞれの税制をどのようにデザインするかに移っており、例えば消費税を直接的な地方財源とする場合において少子高齢化に伴い都市部に人口が移動することに伴う地域間の拡大を是正するための地域間財源調整の仕組みをセットで考えることが議論されている。また、課税自主権の実質的な拡大をどのようにして行うかも併せて議論が行われている。

(2) 地方交付税制度

国と地方自治体の財源調整を行う地方交付税制度は、現行の「財政需要を担保する制度」から「明確な基準（人口、面積等）によって一定の歳入を担保する制度」に移行させることが打ち出されている。

地方交付税は、地方交付税法の第一条において制度の目的を「地方団体が自主的にその財産を管理し、事務を処理し、及び行政を執行する権能をそこなわずに、その財源の均衡化を図り、及び地方交付税の交付の基準の設定を通じて地方行政の計画的な運営を保障することによって、地方自治の本旨の実現に資するとともに、地方団体の独立性を強化すること」とうたっていることから、地

方自治体間の財政力格差を調整する財源調整機能と地方自治体が一定の行政サービスを提供できるように財源を保障する財源保障機能を有しているとされる。

しかし、前述の法定率分の一定割合を大幅に超える額が現実には地方交付税として配分されている。これは運用上地方交付税の総額決定は毎年度策定される地方財政計画によって行われているためである。地方財政計画の策定では、その歳出を基準財政需要の積み上げ等により最初に見積もり、次に歳入を地方税収見込み、国庫補助金、地方債の額と地方交付税の法定率分を積み上げて、歳出に満たない場合には、その差額分を一般会計から地方交付税特別会計への繰入加算と地方自治体による臨時財政対策費（いわゆる赤字地方債）で折半する地方財政対策が行われている[5]。ここで発行される赤字地方債も、国の信用の下で発行され、その元利償還を交付税で措置されている。これにより、結果として地方財政計画に計上されている歳出は地方自治体に対して財源保障されていることになる。

今後、地方財政を自由な形に移行するには、地方自治体への税源移譲を前提に、「国から地方へ」ではなく、地方間で財源調整を実現する仕組みをつくり、地方自治体に一定の歳入を担保する制度に転換し、使途は地方自治体の自由に委ねることが必要である。一定の歳入を担保する制度とは、現在の複雑な算定基準を抜本的に改め、だれでも分かる簡便な算定基準に順次変えていく必要がある。

このため、2007年度予算から人口と面積を基本として算定する新型交付税を導入することとしている。この新型地方交付税は今後3年間で5兆円規模を目指すものとされる。将来は、新型地方交付税の比重をいっそう高めるとともに、従来型の交付税についても算定基準の簡素・透明化を促進すると打ち出されている。ビジョン懇談会の報告書には記載されていないが、国の地方自治体への関与を着実に弱めるため、地方財政計画の簡素化、起債連動地方債の縮小、廃止に努力し、最終的には地方財政計画の廃止等の実現が必要であるという議論が活発に行われている。

(3) 地方債制度

地方債の発行については、完全自由化を目指すものとしている。

地方の自主性に委ねられ、資本市場において各自治体の信用力に応じた地方債の格付けが行われる状況の速やかな実現のため、公募地方債の発行条件統一

交渉の即時全廃からスタートし、公営企業金融公庫の廃止後は国は新たな政府保証を行わないことが打ち出された。同時に、単独で地方債を発行できない小規模自治体、市町村については、都道府県（道州）単位で発行する共同地方債やそれを引き受ける地域単位の金融機関を形成していくことや、料金等受益者負担を基本とする事業を中心としたレベニュー債の導入、地方公益企業の地方債単独発行の導入といった地方債の多様化の必要性が指摘されている。さらに、10年後までに地方債の完全自由化と、それに伴う新発地方債に対する交付税措置の全廃が提言された。

　地方自治体あるいは暗黙の政府保証を背景とした資金調達ではなく、個々の事業の信用力を基礎とするプロジェクト・ファイナンスの仕組みを拡充することなどで、民間化あるいは官民パートナーシップの推進を支援する資金調達の実現を可能にすることが必要である。

(4) 新財政再建制度

　税源移譲、地方交付税制度の改革、地方債の自由化を行った結果として、地方自治体が自ら再建を実現する再生型破綻制度が必要となる。また、護送船団方式により形成された「国が何とかしてくれる」という神話が財政規律の緩みにつながってきた面が否定できないことから、懇談会報告書ではいわゆる「再生型破綻法制」の検討に早期に着手し、3年以内に整備すべきとしている。

　これを受けて、総務省に「新しい地方財政再生制度研究会」が設置され、2006年12月に報告書がまとめられた[6]。地方自治体の財政が破綻した場合の制度は、現行では、地方財政再建促進特別措置法（以下「再建法」という）が適用される主として普通会計を対象とした再建制度と、地方公営企業法が適用される公営企業を対象とした再建制度が、それぞれ独立して設けられている。現行の制度の問題としては、①財政情報の開示が不十分であり、財政指標およびその算定基礎の客観性・正確性等を担保する手段が十分でない、②再建団体の基準しかないために、早期に是正を促す機能がなく、事態が深刻化して初めて政策転換がなされることになるために再建が長期に陥ることになるとともに、最終的に住民に過大な負担を求めることになりかねない、③実質収支（赤字）比率（フロー指標）のみを再建団体の基準に使っているために、例えば実質公債費比率等の他の指標が悪化した団体や、ストックベースの財政状況に課題が

第1章　水道事業の仕組み

ある団体が対象にならない、④再建を促進するための仕組みが限定的である、といった指摘がされている。加えて、公営企業における再建制度が、普通会計を中心とする再建法の再建制度と別建てになっていることから、財政状況の統一的把握が困難であることや早期是正の機能がないことなどの問題を抱えていることも指摘されている。

　総務省においては、別途地方自治体の財政情報の開示や財政規律の強化のための公会計改革については、「新地方公会計制度研究会報告書」（平成18年5月）を踏まえ、資産評価の実務指針や財務書類の体系整備といった実務的観点について「新地方公会計制度実務研究会」において検討が進められている。今後こうした公会計の整備の動きが進展することを前提として、「新しい地方財政再生制度研究会」報告書において、①新たな財政指標の導入と財政情報の開示の徹底、②早期是正スキームの導入、③破綻した場合の再生スキームの構築、④公営企業独自の経営健全化スキームの構築が提言された。この提言を受けて、現在「債務調整等に関する調査研究会」と「公営企業会計制度に関する実務研究会」においてさらなる検討が行われている。

　以上見てきたように、地方財政制度改革の検討は近年極めて急ピッチで進んでいる。
　水道事業との関係で指摘しておくべきなのは、公営企業が供給する住民サービスは住民の日常生活に不可欠なものが多いことから、公営企業独自の経営健全化スキームの構築が提案されていることである。このことは、新たな地方財政の再建スキームへの移行より公営企業の経営健全化は喫緊の課題であり、例え新再建スキームへの移行が遅れることがあったとしても、公営企業の経営健全化スキームは早期に導入される可能性が高いということである。夕張市や大牟田市に見られるような違法性の高い会計上の処理や減債基金の取り崩しによる恒常的やり繰りは、暗黙の政府保証を前提とする甘えというべきものであって、もはやこうした処理が許される時代ではない。公営企業の運営において見られる、「キャッシュフローが当該年度に見込まれるから」、あるいは「住民の日常生活に欠くべからざる行政サービスだから」といった理由による改革の先延ばしは、もはや現実的ではない。

2．地方分権時代の金融環境の変化

　暗黙の政府保証から自立し地方自治体が自ら経営を行うためには、自立した経営体として負債管理に関する考え方を変更することが必要になる。ここでは、そうした負債管理に関する基本的考え方を述べるとともに、地方自治体と地方公営企業のファイナンスを担ってきた政策金融に関する改革の最近の動向について述べる。

負債管理の考え方の変更

　これまでの地方財政は、「均衡ある国土の発展」を基本理念として、地方財政法、地方財政計画を基礎に、地方自治体が必要な財政需要を担保するため、税収などでは不足する財源を地方交付税で担保し、さらに地方債の発行を国が許可することで、いわば「出を見て入りを調達する」仕組みが整備されてきた。国は、地方債を含めた資金調達を担保とする裏返しとして、地方交付税による地方債の実質的元利償還保証と財政再建制度などによる暗黙の政府保証を提供することで、地方自治体の財政を実質的にコントロールする仕組みを構築してきたのである。このため、地方債は、「発行」と「償還」の時点で国が中心となりフローベースで管理されており、透明な負債管理が実現しておらず、ストックベースでの負債管理も存在していなかった。金融市場が未成熟な段階において、右肩上がりの経済成長による税収の継続的増加が見込まれ、中央集権的にナショナルミニマムの行政サービスを実現することを目的とした時代にあっては、こうした制度は合理的なものであった。

　ここで「暗黙の政府保証」というのは、法的には地方債に対する政府保証はないと考えられているからである。財政法では、いかなる債務であっても、「国が債務負担する行為をなす」ためには、「法律」もしくは「予め予算を以て、国会の議決を経る」ことが必要とされている[7]。さらに、「法人に対する政府の財政援助の制限に関する法律」により、政府は「会社その他の法人の債務につい

第1章　水道事業の仕組み

ては、保証契約をすることができない」とされている[8]。いわゆる政府保証債については、政府保証債の発行体の設置法等において「法人に対する政府の財政援助の制限に関する法律」への特例を認める根拠となる法律の規定および限度額が記載されるとともに、各年度の予算総則中にも政府保証の限度額および根拠規定が記載されている。一部の地方自治体が発行している外貨建てによる地方債については別途法令に例外を認める根拠があるが、円建ての地方債についてそうした例外を認める法的根拠は用意されていない。従って、現行法制度上は地方債に対し政府保証はなされていないということになる[9]。実際、総務省主導の下、行われてきた地方債発行条件の統一交渉は、2002年4月の東京都債とそれ以外を区別するツーテーブル方式の導入以降順次自由化され、06年9月債以後共同発行分を総務省が条件交渉する以外、すべて個別条件交渉に委ねられている[10]。この結果、現時点では応募者利回りベースで0.1％近くの差を生じている[11]。今後、「地方分権21世紀ビジョン懇談会報告書」で提言されているようにさらなる自由化が進展すれば、共同債として資金調達する比率は減少するであろうから、格付けの低い発行体はさらなるプレミアムを払わされることになろう。

　少子高齢化と人口減少を前提とする今、これまでの仕組みの機能不全は明らかである。最大の問題は、「債務の所有」と「債務の負担」の主体が一致していないことである。地方債は地方自治体の債務であるにもかかわらず、実質的な償還負担は国が担ってきた。地方自治体においては、同じ地方債であっても自ら償還しないで済む「良い地方債」と、自ら償還負担を負う「悪い地方債」の分類といった認識を生み、自らの負債負担能力に関係なく資金調達する体質を形成した。90年代以降の財政再建過程にあっては、地方債に関しての政府資金への依存（公営企業金融公庫分も含め全体の40％）が高く、資金調達の手段も限定的であることから、地方債元利償還の担保となる地方交付税総額が抑制されると、地方財政は急速に悪化し、その自由度を低下させる原因となった。

　具体的に「債務の所有」と「債務の負担」の主体を一致させるためには、国と地方の「権限」の明確化とその裏面にある「財源」の明確化（国と地方間での恒常的資金の繰り入れの限定化）を図り、財源の「調達の自由化」とともに「償還責任の明確化」を実現し、「債務の所有（自己決定）」と「債務の負担（自

61

己責任)」の主体を一致させることが必要である。このために前述のように、地方分権を進め、地方債の自由度を高めることが必要であるが、同時に債務を透明に管理することが必要となる。破綻型の再生制度まで一括して視野に入れれば、市場機能を通じ財政危機のシグナルを地域住民が共有する必要があるからである。このため地方債の格付けの前提として、地方自治体自体の格付けが的確になされる必要が生じる。これまでは格付け会社も、国による暗黙の保証を重視し「総体として地方債の信用力を高いレベルで下支えするもの」と評価し、AAAからAA－という事実上デフォルトを想定しない高格付けを行っていた[12]。

しかし、2006年10月に格付け会社のスタンダード＆プアーズ社が日本の地方自治体としては初めて格付けを行った横浜市についてAA－とした。横浜市は、日本国内では財政改革先進自治体であり、自主財政基盤も比較的強固であると考えられるが、国際的には「フローの財政パフォーマンスで優れているが、債務水準はやや高い」[13]とされ、結論にどの程度影響があるか明示されてはいないものの、「地方分権が進みつつあるが、（中略）日本の自治体の信用力評価に一定程度の中央政府による支援を織り込んでいる」[14]としている。また、「日本の財政再建制度は自治体の信用力を下支えしているが、債務に関する支払いのタイムリー・ペイメント性が確保されるとはいえないため、すべての自治体の信用力を国と同水準に押し上げるほど強固ではないと考えている」[15]としており、今後地方財政改革の進展に伴い地方自治体の経営内容の差が資金調達力に厳しく反映してくることになる。06年の「夕張ショック」は自治体破綻の実例を市場に印象付けたが、すでに「地方債の安定消化を支えてきた引受構造に変化が見られ始めて」おり、「行財政改革の影響などもあって公的資金による引受が縮減しているほか、一部地域金融機関が縁故債の引受・保有に慎重になっている」との指摘もある[16]。

今後地方自治体の資金調達にとって重要な負債管理の透明性の向上という点では、現在用いられているいわゆる総務省方式により作成したバランスシートであっても、正味試算全体ではなく、その「一般財源等」の項目がマイナスになる場合には民間企業における債務超過と同様と考えることが可能であり、そこに偶発債務を含めることで、ある程度の事前予測性が期待できるという指摘もある[17]。しかし、市場機能を通じ財政危機のシグナルを地域住民が共有し、

早期是正が行われるための制度設計が急務であり、総務省の研究会の結論が注目される。

政策金融の改革

　地方自治体本体の改革とともに、水道事業をはじめとする公営事業に密接に関係するのが政策金融改革である。政策金融改革の基本的事項は、2005年12月24日の「政府改革の重要方針」で閣議決定されている。そこでは基本的考え方として、第一に「小さくて効率的な政府」の実現に向けて、政策金融を半減すること（貸出残高対ＧＤＰ半減を平成20年度までに実現、新たな財政負担は行わない、民営化する機関は完全民営化を目指す）、第二に民間金融機関も活用した危機対応体制を整備すること（金融危機、大災害、国際金融危機等）、第三に効率的な政策金融機関経営を追求すること、とされている。

　こうした考え方を受けて、現政策金融機関の各機能を、「政策金融から撤退する機能」、「政策金融として必要であり残す機能」、「当面必要なものの将来的に撤退する機能」に分け、結論を得た。具体的には、国民金融公庫、中小企業金融公庫、農林漁業金融公庫、沖縄金融公庫に円借款等を除く国際協力銀行の業務をそれぞれスリム化した上で統合し一つの新たな政策金融機関とすること、商工組合中央金庫、日本政策投資銀行を完全民営化すること、および公営企業金融公庫を廃止することである。

　こうした改革は地方財政にも大きな影響を与える。特に公営企業金融公庫の廃止後の公的部門の資金調達をどのように行うのかということは、地方債の自由化、地方交付税改革などの議論と一体のものである。そもそも公営企業金融公庫は、地方公共団体の共同債券発行機能である。満期10年程度の公募債で資金調達しながら、運用先としては長期のインフラ整備などに超長期のものに投資するという期間のミスマッチがあり、その金利変動リスクはきちんと評価されないまま、政府保証により覆い隠されてしまってきた[18]。さらに、公庫自体には貸出審査がないだけでなく、こうした巨大な公的資金が存在することで民間金融機関自身が個別公益企業の財務内容を評価し信用リスクを加味した金利設定を行うことを阻害する一要因となってきたとの指摘もある[19]。このため、

05年12月24日に閣議決定された「行政改革の重要方針」において「政策金融スキームで行う必要はない」と結論付けられた。

しかし、中小自治体が住民生活に密接な関係を有する社会資本整備を効率的に行うため低利の資金を調達する必要性は存在する。現在の議論として参考とされているのは、単独での起債が困難な地方自治体に代わり銀行債を発行し資金調達する仕組みであるボンドバンクである。具体的にはアメリカ、カナダ、スウェーデンなどで導入されている。中央政府の保証はなく、参加する地方自治体が相互担保する仕組みであり、地方債の安全性を保持しつつ投資リスクを低下させる方法である。地方債償還を他の歳出項目より優先する条項（税の先取特権）の設定、免税債の導入なども一体として行われている場合もある。こうした取り組みは、信用力を一段と高めるとともに共同発行によるリスク連鎖を防ぐために活用されている。

現在、08年10月の公営企業金融公庫廃止後、「地方公共団体が共同して新組織を自ら設立する」[20]こととされているが、単に地方共同機関に移行するだけでは地方財政の活性化は実現しない。道州制等都道府県レベルでのさらなる広域化が議論される中で、新たな信用の枠組みを地方債の多様化とともに実現する必要がある。

地方財政の改革は国の信用に依存してきた制度からの脱皮を意味する。その意味から、複雑に絡み合った財政金融、そして権限や組織の問題をひもといていく必要がある。こうした複雑な問題を克服するためには、最終的に地方自治体そして地域の分権に対する地方の意識と行動力が問われることになる。

3．ガバナンス形態変更の政治過程

これまで見てきたように、地方財政を取り巻く環境は、極めて急激に変化し、改革も加速している。しかしながら、各地方自治体における近年の指定管理者の選定や市場化テストの内容を仔細に見ると、制度変更の趣旨をきちんと踏まえた運用が行われておらず、建設的な経験が積まれているとは考えにくいものも散見される。中央政府レベルにおける改革が、地方自治体における改革にストレートにつながってくるわけではない。各地域において、今後環境変化に適切に対応した事業変更改革はどのように達成できるだろうか。

歴史的文脈：「失われた10年」の後に来た「民営化の第二の波」

水道事業を巡る変革の今後を考えるためには、現在の地方財政を巡る改革をより大局的な流れの中で見る必要がある。現在の「官から民へ」という流れは、わが国にとって新しい問題ではない。1980年代に国鉄、電電公社、専売公社の三公社が民営化されているからだ。この民営化は英国のサッチャー政権の民営化に続くものであったが、日英では文脈が違っていたことに注意する必要がある。

70年代の石油ショックを契機に深刻さを増した英国経済の低迷を背景に登場し「社会主義と労働者階級に対する墓堀人の役割を演じた」[21]とされるサッチャー政権は、しかし、当初から民営化の全面的な推進を掲げて登場したわけではなかった。79年の政権獲得以前から保守党はいくつかの公企業の脱国有化を訴えていた。しかし、これらの政策は伝統的な保守党の政策の一貫として意識されていたにすぎず、当初は実現可能性も疑問視されていた[22]。サッチャー政権下での最初の民営化は79年の英国石油株の売却であるが、継続的に利益を上げている企業を実験的に対象としてみたものであった。ところが、82年のフォークランド紛争により保守党政権の維持が確実になってくると、より野心的な民営化が議論されるようになった。一度は廃案になっていたブリティッシュ・

テレコムの民営化法案が83年に可決されたことをきっかけに、民営化論議は規模を拡大し公益事業を広く対象とするようになっていったのである。英国の企業民営化は、政府の財政難から政府保有株を売却することが課題として浮上し、これが規制緩和と相まって、結果として政策の基本的理念として民営化が政策課題として定着することになったと言えるのである[23]。

　これに対し、日本の80年代の民営化は何よりも国鉄の経営破綻をどうするかという目前の課題からスタートし、それとの関連で問題となっていた専売公社と電電公社の改革問題が取り上げられた。専売公社も電電公社も民営化といっても特別法に基づく特殊法人へ改組されたのであるし、ＮＴＴの株式は売却されたが、日本たばこ産業の株式を売却することは予定されてもいないという中途半端な民営化であった。

　サッチャー改革によって「民営化」というアジェンダが国際的に共有されていたということが、三公社の民営化に決定的な要素の一つであったということはできるが、その具体的内容は異なる。英国においては、政府の役割は市場の失敗を是正することにあるという原則が確立している。ブリティッシュ・テレコムは「黒字だから民営化する」のであって、日本の国鉄のように「赤字だから民営化する」のではない。市場原理に基づいていては不十分にしか供給されないから政府が補完するのであるから、赤字企業であっても公共目的から存在することが必要と考えられるものであれば補助金を注入して存続せしめるのである。実際、英国鉄道は毎年度補助金の交付を受けて経営が維持されている。そもそも、日本の国鉄の経営が悪化したのは、市場における政府の役割が不明確であり、公共目的として不採算路線を多数抱えているにもかかわらず、その赤字を補助金をつぎ込んで解決するのではなく、国鉄自身の経営努力を期待しつつ財政投融資資金の融資を続けたことに原因があった。日英の80年代の民営化のプロセスを比較すれば、英国において株式売却による所有権の移転という意思決定の問題に力点が置かれたのに対し、日本では経営の効率化に重点が置かれていたということが言える。

　この後、90年代に入ると欧州諸国はＥＵ統合のために財政再建を迫られ、そのために民営化が各国で推進されることになる。92年に調印されたマーストリヒト条約によって定められた99年の通貨統合への参加の条件である単年度財政

赤字をGDPの3％以下、公的債務残高を60％以下に抑えるという目標を達成するためにフランス、イタリア、スペイン、ポルトガルなどで大規模な民営化が実施される。しかし、事例の増加は、民営化が必ずしも経営効率化に直結するわけではないということを明らかにすることになった。民営化の経営効率化への影響については多数の研究が行われているが、こうした世界中の民営化のケースの実証研究153本をレビューした研究では、104が肯定的、14が否定的、35がどちらともいえないという結論であり[24]、必ずしも結論が出ているわけではない。

　そもそも民営化すれば経営効率化につながるという主張は、主としてエージェンシー理論の立場のものと公共選択理論の立場からのものがある[25]。エージェンシー理論は、公企業の経営幹部は事業執行を担う代理人（Agency）であり、真の事業の所有者である本人（Principal）とは別人格であることから、代理人は本人と異なった利害を持ち、かつ自らの利益を最大化することを目的として行動すると規定される。このため、代理人は、事業全体あるいは事業の所有者（株式会社の場合であれば株主）の利害に反する行動を取ることがあり得る。このため、代理人が本人の利害に反する行為を行わないようにするための外部的措置が必要となる。商法、会社法、証券取引法といった法制度だけでなく、資本市場によるディスクロージャー規制に基づく監視、それを担保する会計監査システムが整備されるとともに、本人の利益を拡大した代理人に対するインセンティブが輻輳する形が整備されることになる。国営企業においては、こうした多くの民間企業を監視する仕組みが適用除外であったり、存在していなかったりすることが多く、監視が弱くなる。さらに、国営企業においては、代理人・本人という分離が二重になっていることが指摘される。具体的には国営企業の経営幹部は納税者ないし国民に直接責任を負っているわけではなく、その地位は政府の指名ないしは同意に基づいており、彼らは直接には政治家に対して責任を負っているのである。従って、国営企業においては、真の事業所有者である納税者ないし有権者とその代理人たる政治家との関係と、政治家とその代理人たる国営企業の経営者との関係という二重の二層構造が存在することになる。エージェンシー理論は、この本人・代理人というエージェンシー問題の解決のために、民間企業において整備されてきている市場メカニズムを適

用しようと主張するのである。

　ブキャナンやニスカネンといった公共選択理論者は、この二重のエージェンシー問題のうち、特に前者の政治家と国民全体との関係に着目する[26,27]。政治家は自己の再選を最大のインセンティブに行動するため、経営の効率化に反する要求を経営幹部に求めることになり得ると指摘する。このため、政治家が何を経営の目標として設定しているかを情報公開することが重要になるが、それだけでは十分ではない。国営企業の労働組合などが政治家に対して影響力を持っている場合には、過剰な雇用や給与の超過支払いといった非効率経営が是正されない可能性もある。このため、民営化の過程で、労働組合や資本家、その他の政治勢力間の権力バランスが変更することにより、雇用の維持や社会保障的給与支払いといった目的のウエートを下げ[28]、経営の効率化という点に経営の目標が再設定されることにより、賃金の切り下げを実現し[29]、雇用を削減し[30]、結果として経営効率化を実現することが可能になるのである。近年では、こうした経済学で伝統的に議論されてきた問題に加え、コーポレートカルチャーというべき組織内の慣習や文化の慣性や、民営化される企業が置かれている市場環境の問題についての研究も進められている[31]。

　こうした研究についての詳細を分析する紙幅の余裕はないが、結論としては、民営化のパフォーマンスの良しあしは、資本市場の競争条件、国内におけるディスクロージャーを含めた法制度の運用の透明性と安定性といった要素によってその大部分が説明されると考えられている。

　日本では90年代は長期化する不況とデフレからの脱却が最優先され、公的企業の改革という面でも「失われた10年」を過ごしてきた。現在進められている改革は、80年代の民営化に次ぐ「第二の波」ということができるが、これは「第一の波」に比して財政再建の必要性を重視するものである。従って、その文脈の下で議論が進められている地方公営企業の民営化は、中曽根政権下の民営化より80年代の英国の状況に近い。「官から民へ」という小泉政権以来の改革の方向性は、市場における政府の役割の再定義である。英国の経験から学ぶべきことは、財政再建のための民営化は、黒字事業の民営化が必須であるとともに、政府の役割を限定することが必要だということになる。

　このため、地方自治体の職員の間では収益事業としてフローベースで安定し

た収入を上げている水道事業に対する民営化への反発は強いとしても、地方財政全体を地方交付税を通じた国に依存した構造から、より自立した構造への変革において、最初にやり玉に挙げられるのがこうした収益部門になる可能性が高いことになる。しかし、90年代の民営化事例から学べる教訓は、所有形態を公から民へ移転させるだけではパフォーマンスの向上には不十分であるということであろう。所有形態の変更は、むしろパフォーマンスを向上させるために解決すべき問題の解決手法の一つであるにすぎない。民間が持つ優れた経営ノウハウをきめ細かく導入していくためにはどうすればよいか、という観点から戦略的に進められなければならない[32]。

国際的文脈：水道事業を巡るグローバル化の波

　水道事業の事業形態の見直しは言うまでもなくグローバルな流れになっている。先進国における水道事業を巡る政策変更過程についてはOECD（経済協力開発機構）が詳細を分析しているが、そこに共通する思想はフル・コスト・プライシングである[33]。OECD加盟国の場合、水道事業を巡る問題は、質と量の問題とともに、グローバル化に対応するための地方財政の再構築に伴う問題も含む。このため、より市場メカニズムを発揮させることを可能にするように複雑に入り組んだ補助金は債務保証関係を整理する必要がある。フル・コスト・プライシングはそのために必要なのである。わが国の場合、多くの自治体において水道料金を政策的に引き下げるためにさまざまな形で公的補助が行われているために、その給水原価を計算することすら容易ではない。わが国においても、会計制度を民間に準拠した形で整備するとともに、公的補助制度の簡素化を行い、水源の多寡や給水コストの差を料金に反映するように改革する必要がある。市場メカニズムの統制機能を発揮させるためには、すべての情報が価格シグナルに収斂する仕組みを作ることが前提であるからである。もちろん、社会政策の側面も持つ水道事業運営においては、算定した料金の内どれだけを実際に利用者に課金するのか、あるいは利用者の内経済的弱者に対してはバウチャーといった形で補助するのかは別途検討されるべきことである。

　欧州における水道事業改革について分析したフィンガー（Matthias Finger）

らの研究は、改革の方向性としてフランス型と英国型に分類することができるとしている[34]。英国においては前述のとおり、財政再建の観点から急速な民営化が進められたのに対し、歴史的に地域ごとに分散した事業形態で行われてきたフランスの水道事業の改革においては、水源保護を含めた環境規制を通じた改革が行われた。すなわち、伝統的に分散した事業体によって運営されていたフランスの水道事業は、第二次世界大戦後の急速な都市化と産業構造変化、さらには農薬や肥料の使用増加に伴い深刻な問題に直面したが、中央政府における19世紀末に成立した水道法制を前提とする規制は、他省庁に権限が分散していることもあって、効果的でなかった。この状況を打開するため、1964年に成立した流域管理法に基づき、全国を6つの流域に分割し、それぞれについて流域管理局（Agance de basin）を設立し、流域計画に基づき汚染者・利用者の負担に基づく独自の課税と投資を行うこととなった。規制当局としての流域管理局は、水道事業体を集約したりインフラを直接所有したりするのではなく、環境規制と経済インセンティブに関する権限を利用して、政策目的を実現しようとしているのである。こうした方法は、世界銀行による開発途上国の水道事業改革のひな型となっている。

　フィンガーらが注目するのは、ドイツの改革の方向性である。ドイツの水道事業体はフランスよりさらに地域分割型であり、約2万の基礎自治体が700の上水道事業体と1万の下水道事業体を運営している。これらのほとんどは日本でいうところの広域事業組合に当たるシュタットヴェルケ（Stadtwerke）である。ドイツ基本法上は、水道供給と衛生管理は地方政府の役割であるが、水資源管理に関する法制度の整備は連邦政府の権限となっている。伝統的に高度に整備されたドイツの水道事業は、こうした制度の下官営で行われてきたため、民間関与の導入は比較的遅く、最初のＢＯＴ契約は1985年のことであった。しかし、東西ドイツ統一後、特に旧東ドイツにおける水道インフラ更新の必要性が急務であったことと、東側の経済開発のための支出が連邦政府の財政を圧迫したため、1992年に旧東ドイツのロストック市（Rostock）が民営化を決定し、スエズ・リヨネー社とティッセンのコンソーシアムであるユーラヴァッサー社（Eurawasser）とＢＯＴとコンセッションの契約を締結して以来、ベルリン（97年にEurawasserを破りVivendi・RWE・Allianzのコンソーシアムが落札）お

よびブレーメンで民営が行われている。

　ドイツの水道事業の改革の方向性が、急激かつ事業主体の再編を伴う英国型のものになるか、フランス型の分散型の事業形態を維持したものになるかはフィンガーらも結論を出しているわけではない。フランス型では、事業体の自主規制が重要になるが、執行が担保されず環境上の問題を生じてきており、むしろ英国型のように完全民営化を行った上で強力に行政が環境規制等を担保する方向の方が長期的には公益の実現と民間経営の効率性の導入のバランスを適切に取ることができるのではないかと指摘されている。英国型の問題は、資本自由化に伴い国内の水道事業体が外国資本に買収され始めていることであり、近い将来国際的企業の独占状態となる可能性があることである。このため、ドイツが独自のモデルを模索する可能性はある。ドイツ国内の法制度が極めて複雑であることもあり、わが国においてはドイツにおける水道事業の民営化についての研究は進んでいないが、わが国の水道事業民営化の参考としてより多くの事例が紹介されることが望まれる。

地方財政改革推進の政治過程

　こうした国際的文脈を見ても、金融のグローバル化の地方財政への影響が水道事業改革の背景として大きなウエートを占めていることが分かる。前節で詳述したような現在進みつつある地方財政改革のスピードと併せて改革を行っていく必要がある。

　わが国の水道事業は、明治の出発点においてわが国の行政においては珍しく地方が独立して整備、運営してきた[35]。現在においても、水道事業は地方自治体の職員にとり地方自治を象徴するものと受け取られている。しかし、その実態は国の強力な指導の下、画一的な運営が行われてきた。今後は、真の地方自治の実現のため、各地方自治体において積極的な改革が進められなければならないが、その検討を巡る政治過程について触れておこう。

　現時点において、わが国は英国のサッチャー政権のように理念としての民営化が主張されているわけではない。水道ビジョンは「民間部門が参画する場合、所期の目的が達成されているか否かを第三者機関によって客観的に評価する仕

組みの検討を行う」としているし、厚生労働省は「水道事業者の民間業務部門への移行に際してサービスの質的低下を防止するために必要となる『水道事業評価』については、水道事業における民間活用の導入状況が10年後、20年後にどのように変化していくかといったシナリオに基づいて検討していく必要があり、想定されるモデルの具体化とそれに基づくロードマップの明確化が必要であろう」[36]としており、明確にどうすべきかについて態度を示しているわけではない。

　これまで地方自治体の運営は、市民の高い関心が寄せられているとは言えず、自民党と社会党の対立といういわゆる55年体制の下においても、地方政治においては保守系、その多くは市町村の職員出身の首長の下に画一的な運営が行われてきた。近年、首長選挙においてマニフェストの提示が広まり、地方選挙に関心が高まってきているものの、地方議会の政策を監視し検証する能力は十分とは言えない状況にある。住民の関心が高くない状況下にあっては、市町村職員の労働組合が支援する首長候補が有力となっている実態も否定できない。

　前述のエージェンシー理論が分析しているように、公営事業には真の事業の所有者である住民と首長を含む政治家との間と、首長と事業管理者との間に二重の「本人・代理人」関係が存在する。地方財政を悪化させた最大の原因は、日本の場合、地方交付税制度を中心とする地方自治体の財政運営が国に依存するという構造があり、ここに国と地方という三つ目の「本人・代理人」構造が含まれていたことであった。こうした三重のエージェンシー問題を解決するためには、市場の規律を導入することが必要である。本書の第3章第2節「水道事業における官民連携手法の導入」において分析されているように、水道事業を巡るステークホルダーが、地方自治体（首長、議会）と水道事業管理者および市民に加えて、民間からの資金調達を行うことにより民間の水道事業者あるいは資金提供者たる金融機関が加わることになる。本書の第4章「水道事業における監査制度」に詳述される監査制度と一体として、規律ある水道事業運営の実現を目指し、個々の地方自治体において積極的な改革への取り組みを進めることが望まれていると言えよう。

第1章　水道事業の仕組み

＊　　　＊　　　＊

1) 木下康司　『図説　日本の財政（平成17年度版）』東洋経済新報社、2005年、p3～6
2) 鈴木伸幸　「『地方財政破綻』の論点」地域経営ニュースレター、August 1999 Vol. 12 p.1～3
3) 「地方分権21世紀ビジョン懇談会報告書」(http://www.soumu.go.jp/menu_03/shingi_kenkyu/kenkyu/pdf/060703_1.pdf)
4) 国税である、所得税の32.0％、酒税の32.0％、法人税の35.8％、消費税の29.5％、たばこ税の25.0％の5つを合算したもの（地方税法第6条、付則第3条の2参照）
5) 岡本全勝　『地方財政改革論議－地方交付税の将来像』ぎょうせい、2002年、p.66～82
6) 「新しい地方財政再生制度研究会報告書」2006年12月8日
(http://www.soumu.go.jp/menu_03/shingi_kenkyu/kenkyu/new_saiseiseido/pdf/061211_1.pdf)
7) 財政法第15条第1項
8) 法人に対する政府の財政援助の制限に関する法律第3条
9) 財務省財務総合政策研究所研究部長であった足立伸は、こうした法的根拠以外に、起債許可制度の趣旨や地方交付税の制度趣旨、さらに財政再建制度の存在を根拠に政府は保証しているという議論を厳密に検討した上で、いかなる意味でも元利償還は保障されていないと結論している。なお、この論文は著者が上記役職であった時点で発表されているが、このことをもってしては財務省の公式見解とは言えない。
足立伸「地方債に対する国の暗黙の保証」PRI Discussion Paper Series (No. 06A-05)
(http://www.mof.go.jp/jouhou/soken/kenkyu/ron137.pdf)
10) 江夏あかね「市場公募債発行における統一条件交渉方式、見直し検討へ」、Japan Corporate Bond Research、日興シティグループ、2006年8月16日
11) 例えば、2007年4月発行の一般地方債（10年）の応募者利回りを見ると、最低は東京都債が1.771％であるのに対し、兵庫県債は1.851％となっている。財団法人地方債協会ホームページ　全国型市場公募地方債（個別債）発行条件
(http://www.chihousai.or.jp/03/02_03_05.html)
12) 日本格付投資情報センター『地方債格付け――自治体は本当につぶれないのか』日本格付投資情報センター、1999年
13) 柿本与子「横浜市」スタンダード＆プアーズ発行体格付けレポート、2006年10月24日
(http://www.city.yokohama.jp/me/gyousei/ir/full%20reportS&P.pdf)
14,15) 同上
16) 大山慎介、杉本卓哉、塚本満「地方債の対国債スプレッドと近年の環境変化」日本銀行ワーキングペーパーシリーズ No.06-J-23、2006年11月

17) 木村真「総務省方式の自治体バランスシートは財政破綻を予測できるか―財政再建団体の事例研究―」、北海道大学公共政策大学院 HOPS Discussion Paper Series No.3, February 2007 (http://www.hops.hokudai.ac.jp/dispatch/data/HOPS_DP2007-21.pdf)
18) 丹羽由夏「特殊法人改革下の公営企業金融公庫」金融市場2002年5月号、農林中金総合研究所
19) 同上
20) 総務省・財務省「公営企業金融公庫廃止後の新組織について」2006年12月22日
21) 山口二郎『ブレア時代のイギリス』岩波新書、2005年
22) David Heald, "The United Kingdom: Privatization and Its Political Context", *West European Politics*, Vol.11, No. 4, October 1988
23) 飯尾潤『民営化の政治過程―臨調型改革の成果と限界』東京大学出版会、1993年
24) Belen Villalonga, "Privatization and efficiency: differentiating ownership effects from political, organizational, and dynamic effects", *Journal of Economic Behavior and Organization*, Vol. 42, p. 43-74, 2000
25) Alvaro Cuervo and Belen Villalonga, "Explainint the Variance in the Performance Effects of Privatization", *The Academy of Management Review*, Vol. 25, No.3, July 2000
26) J. M. Buchanan, Theory of Public Choice, Univ. of Michigan Press, 1972
27) W. Niskanen, Bureaucracy and Representative Government, Aldine 1971
28) A. Shleifer and R. W. Vishny, "A Survey of Corporate Governance", *Journal of Finance*, 52, p737-787, 1997
29) J. Haskel and S. Szymanski, "Privatization, Liberalization, Wages and Employment: Theory and Evidence from the U. K." *Economica*, 60, p 161〜182, 1993
30) M. Boycko, A. Shleifer, and R. Vishny, "A Theory of Privatization", *Economic Journal*, 106, p309-319, 1996
31) M. Bishop and D. Thompson, "Privatization in the U. K.: International Organization and Productive Efficiency". *Annuls of Public and Cooperative Economics*, 63, p171〜188, 1992, S. Martin and Parker
32) 野田由美子『民営化の戦略と手法―ＰＦＩからＰＰＰへ』日本経済新聞社、2004年、第2章
33) Organization for Economic Cooperation and Development (OECD), The Price of Water, Trends in OECD, OECD, 1999
34) Matthias Finger and Jeremy Allouche, Water Privatization: Trans-national corporations and the re-regulation of the water industry, Spon Press, 2002
35) 高寄昇三『近代日本公営水道成立史』日本経済評論社、2003年
36) 新田晃「『水道事業評価』の意義と方向性」水道公論 Vol.42, No.6、日本水道新聞社、2006年5月

第 2 章

水道事業の現状

第1節　水道施設

　わが国の水道は120年前に横浜市で近代水道が誕生して以来、現在では大部分の国民が利用できるまでに普及し、水質・水量などの面で世界的に見ても高い水準の水道を実現している。特に、昭和30年代から40年代にかけての高度経済成長期を契機として面的量的な拡大が行われたが、それから半世紀近くを経た今では、水道施設の多くが老朽化しつつあり、現在の水準を維持し続けるためには施設更新が重大な課題となっている。

　また、日本列島の地質・地理的条件から、わが国の水道施設は、地震、風水害、渇水などのさまざまな自然災害のリスクを抱えている。加えて、水源の水質汚染などのリスクも存在する。

　水道施設の置かれた地形、気候などの自然条件、需要者の構成などの社会条件、さらには事業創設以来の拡張の経緯といったそれぞれの事業固有の条件に加えて、事業規模の違いもあり、水道事業には種々の格差が存在している。本章では、水道事業ガイドライン業務指標（ＰＩ＝Performance Indicators）算定結果、水道ビジョンフォローアップ調査報告書、水道ビジョン基礎データ集等を用いて水道施設の課題を明らかにする。

表2-1 地震による水道被害

年月日	地震名	最大震度	水道の被害状況	
			被害地域	断水戸数
平成7（1995）1.17	阪神・淡路大震災	7	兵庫県、大阪府他9府県	約123万戸
平成12（2000）10.6	鳥取県西部地震	6強	鳥取県、島根県、岡山県、広島県、山口県、香川県	8,338戸
平成13（2001）3.24	芸予地震	6強	広島県、山口県、島根県、愛媛県	40,938戸
平成15（2003）5.26	宮城県沖を震源とする地震	6弱	岩手県内、宮城県内	4,792戸
平成15（2003）7.26	宮城県北部を震源とする地震	6強	宮城県内	13,721戸
平成15（2003）9.26	十勝沖地震	6弱	北海道内	15,956戸
平成16（2004）9.5	紀伊半島沖を震源とする地震	5弱	奈良県内、和歌山県内	50戸
平成16（2004）9.5	東海沖を震源とする地震	5弱	奈良県内、和歌山県内	50戸
平成16（2004）10.23	新潟県中越地震	7	新潟県	129,750戸
平成17（2005）7.23	千葉県北西部を震源とする地震	5強	千葉県内	430戸

（厚生労働省ＨＰ「第1回緊急時水循環機能障害リスク検討委員会」資料3-2より抜粋）

1．水道事業を取り巻く環境の課題

地震と風水害

地震による近年の水道被害を**表2-1**に示す。平成7年の阪神・淡路大震災に

表2-2 近年の風水害による水道被害

年月日	災害名	水道の被害状況	
		被害地域	断水戸数
平成15（2004） 7.18～7.21	7月梅雨前線豪雨	福岡県内、熊本県内	10,186戸
平成15（2004） 8.7～8.10	平成15台風第10号	北海道内、宮崎県内	7,555戸
平成15（2004） 9.11～9.12	平成15台風第14号	沖縄県内	4,681戸
平成16（2004） 7.12～7.18	平成16年7月新潟・ 福島豪雨	福島県内、新潟県内、 山形県内	9,202戸
平成16（2004） 7.17～7.18	平成16年7月福井豪雨	福井県内	6,793戸
平成16（2004） 8.30～8.31	平成16台風第16号	宮崎県内	7,524戸
平成16（2004） 9.29～9.30	平成16台風第21号	三重県内、愛媛県内	10,090戸
平成16（2004） 10.18～10.21	平成16台風第23号	京都府内、兵庫県内	62,636戸
平成17（2005） 9.5～9.7	平成17台風第14号	宮崎県内	57,638戸

（厚生労働省HP「第1回緊急時水循環機能障害リスク検討委員会」資料3-2より抜粋）

よる被害が極めて大きいが、平成12年の鳥取県西部地震以降、ほぼ毎年のように地震による断水が数千戸（約1万人）以上の規模で生じている。平成16年の新潟県中越地震では水道施設や管路が設置・布設されている地盤や道路そのものが崩壊するといった激甚な被害が生じ、孤立地区の発生など新たな課題が発生した。

地震時の断水被害について、医療活動への深刻な影響が指摘されている。人工透析用水、手術用機材の洗浄水などの医療用水の不足および水冷式人工呼吸器の停止、手術室の空調の停止などの設備運転用水の不足である。京都市、横浜市などでは医療用水の確保目標を定めるなどの対応が行われている。

第2章　水道事業の現状

　表2-2には近年の風水害に伴う被害が示されているが、施設の冠水、停電などによる断水が頻発している。日降水量で見た大雨が増加する傾向が指摘されており（「異常気象レポート2005」、気象庁）、これに伴う水道被害の増加が懸念される。平成17年の台風第14号では宮崎市富吉浄水場が全面的に冠水し、復旧までに48日間を要している。

　風水害の発生可能性については、平成17年の水防法改正により自治体によるハザードマップの作成・公表が進んでいる。

　地震や風水害による被害は発生場所や時間を予測することが困難であるとはいえ、被害軽減のためには、被害想定や対策の優先順位の検討、被災後の復旧対策や応急給水対策の検討が不可欠である。基幹施設の更新に当たっては、改めて水道施設の危険度を評価し、再配置の検討を行うことも必要である。

渇水

　水道の年間取水量の70％以上は河川・湖沼水あるいはダムに貯留された水（表流水）から得られており、これらの水量は一年以内の降水や積雪の多寡に支配される。

　平成17年までの20年間で上水道について断減水のあった地域を図2-1に示す。渇水発生年数の多少はあるが全国にわたって渇水被害が生じている。近年の少雨傾向などから河川の利水安全度が低下し、渇水が起きやすくなっている地域もある。災害対策と同様に、被害想定や対策の優先順位の検討、応急給水対策の検討が必要である。

図2-1　最近20カ年の渇水の発生状況

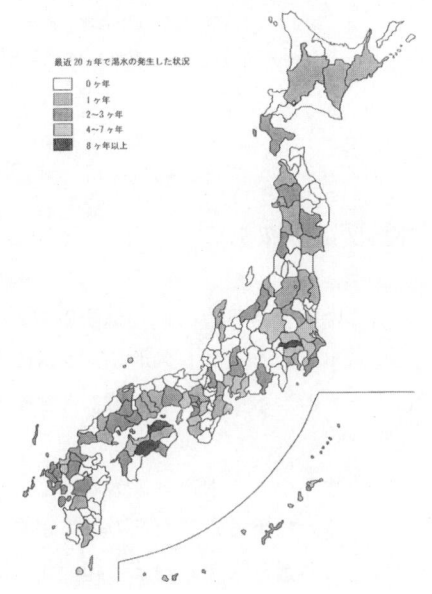

注　昭和61年から平成17年の間で、上水道について減断水のあった年数を図示したものである。
（「日本の水資源」平成18年度版より引用）

表2-3 水質関連の事故

区分		年月日	事故名	水道の被害状況
水質事故	化学物質	H13(2001)1.31	長野県府宮水道・クレゾール混入事故	飲用制限（1／31〜2／2）
		H14(2002)3.6	滋賀県信楽町水道・フェノール混入事故	最大3,300戸、10日間の断水
		H14(2002)6.21	兵庫県篠山市・フェノール混入事故	飲用制限、影響戸数9,000戸
	油等	H13(2001)2.13	松ісsuсsuss水道用水供給事故・油流出事故	送水の停止、松本市9,700戸、塩尻市4,000戸断水
		H15(2003)10.2	淀川支川黒田川における軽油流出事故	7浄水場で取水停止および取水制限、粉末活性炭の投入
		H16(2004)1.16	栃木県宇都宮市一灯油流出事故	取水停止および取水制限。供給水への影響なし
		H16(2004)6.5	山形県南陽市におけるトルエンによる水質事故	南陽市水道給水停止（5／5〜6／9）
	クリプトスポリジウム	H8(1996)6	埼玉県越生町・大規模汚染	給水停止
		H13(2001)6.15	愛媛県今治市・クリプトスポリジウム取水事故	給水停止（6／15〜6／16）
水質管理		H14(2002)12.3	岡山県津山市・残留塩素の基準値低下事故	残留塩素の基準値0.1mg/ℓを下回る水を送水（17,000戸）
		H15(2003)4.22	長野県飯田市・濃度上昇による給水停止事故	給水停止なし、「飲用不適」の広報
クロスコネクション		H14(2002)8.7	大阪市・工業用水道誤接合事故	6年間にわたって工業用水を供給
		H14(2002)11.28	東京都・工業用水道誤接合事故	17年間にわたって工業用水を供給
大規模破壊		H13(200)7.26	京都府営水道・導水管破損事故	宇治市36,000戸、城陽市10,000戸断水
		H14(2002)11.18	横浜市水道・配水管破損	断水
テロ		S53(1978)6	千葉県北総浄水場への廃油毒物投入事件	実害なし

（厚生労働省HP「第1回緊急時水循環機能障害リスク検討委員会」資料より抜粋）

水質関連事故

水質に関連する事故の種類は**表2-3**に示すように、水源に化学物質や油等が流入する事故、クリプトスポリジウムによる水質事故のほかに、水質管理の不備によるもの、水道管と工業用水管との誤接合（クロスコネクション）などがある。

水質事故といった水道システム外部の要因による事故に対しては、異常の早期発見や施設による処理などの対策が必要であり、水質管理やクロスコネクションなどの水道システム内部に起因する事故に対しては、管理レベルを維持・向上することが求められる。

水質汚染事故数の経年変化を**表2-4**に示す。水質汚染事故とは、厚生労働省の定義では、予測できない水源の水質変化により、①給水停止または給水制限、

第2章 水道事業の現状

表2-4 水質汚染事故数の経年変化

水道の種別	平成12	平成13	平成14	平成15	平成16	平　均
上水道	44	56	54	45	48	49
	6	4	8	1	5	5
簡易水道	15	16	18	12	12	15
	7	3	5	4	6	5
専用水道	4	3	3	4	8	4
	1	1	1	1	2	1
水道用水供給	17	9	17	12	10	13
	3	2	0	1	2	2
合計	80	84	92	73	78	81
	17	10	14	7	15	13

注　上段の数字は被害を受けた水道事業者等の数。下段の数字は、被害を受けた水道事業者等のうち、給水停止または給水制限を行った事業者の数。
（厚生労働省HP「水道水質の被害状況等調査」〈平成16年〉より抜粋）

図2-2　平成16年度の水質汚染事故原因

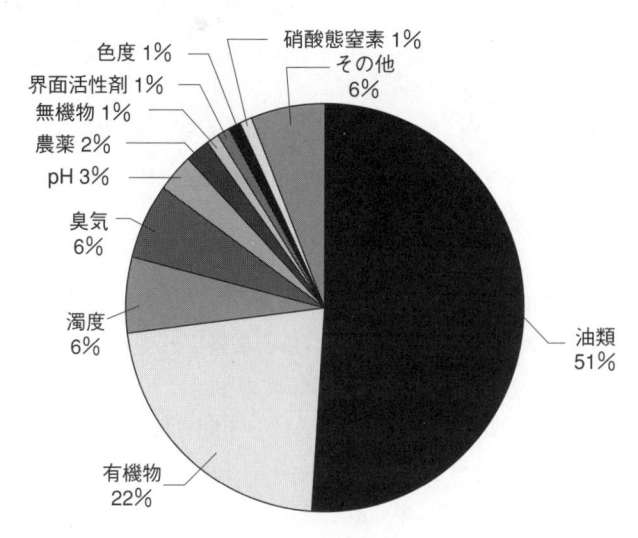

- 色度 1%
- 硝酸態窒素 1%
- その他 6%
- 界面活性剤 1%
- 無機物 1%
- 農薬 2%
- pH 3%
- 臭気 6%
- 濁度 6%
- 有機物 22%
- 油類 51%

（厚生労働省HP「水道水質の被害状況等調査」〈平成16年〉より作成）

②取水停止または取水制限、③特殊薬品（粉末活性炭等）の使用のいずれかの対応措置が行われた事故であり、**表2-3**の水質事故のうちクリプトスポリジウムによるものを除いたものをいう。年間約80件の水質汚染事故が起きており、そのうち十数件は給水停止または給水制限に至っている。

平成16年の水質汚染事故原因は**図2-2**のとおりであり、油類の流入が半数を占めている。

油類や化学物質等による水質汚染事故に対しては、水道施設への流入を防ぐ対策が必要であり水質管理計画などでの事前対応も重要である。なお、水道施設に流入した汚染物質を排除する排水弁などの施設能力が低いという問題も指摘されている。

異臭味被害

わが国は、昭和30年代ごろから都市への人口集中や産業の急速な発展により、生活排水や工場排水が増加し、原水水質の汚染が進んだ。

この結果、特に湖沼等の閉鎖性水域での富栄養化が進行し、昭和40年代ごろから首都圏の水道でかび臭（藍藻類による2－MIBやジェオスミン）等の異臭味の苦情が寄せられるようになった。

このかび臭対策は、当初、粉末活性炭で対応したが、その後、オゾン処理と粒状活性炭処理を組み合わせた高度浄水処理施設が東京都、大阪市、沖縄県等に次々と導入され、現在、47の浄水場で稼働（最適オゾン処理調査委員会調査、平成18年12月）され、安全でおいしい水の供給に寄与している。

かび臭による異臭味被害人口は減少傾向にあるが、平成16年度現在、まだ約285万人（厚生労働省）が被害に遭っていると報告されている。

異臭味被害率は、実際に需要者が異臭味被害を受けた割合を示したもので、異臭味被害人口と発生期間の積と全給水人口と年間日数の積との比である。異臭味被害率は、**図2-3**に示すように、比較的人口の多い都市で高い傾向を示している。全国平均は0.24％で、約400人に一人が毎日異臭味被害を受けていることになる。

水道ビジョンでは「安心・快適な給水の確保に係る方策」で、異臭味被害を

表2-5　水道における異臭味被害の発生状況

地域	平成12年度		平成13年度		平成14年度		平成15年度		平成16年度	
	被害事業者数[※1]	被害人口(千人)[※2]	被害事業者数[※1]	被害人口(千人)[※2]	被害事業者数[※1]	被害人口(千人)[※2]	被害事業者数[※1]	被害人口(千人)[※2]	被害事業者数[※1]	被害人口(千人)[※2]
北海道	11 (1)	100	2	0	3	18	2	0	2	207
東　北	2	0	4 (2)	72	5 (3)	91	4 (2)	412	5 (1)	70
関　東	17 (3)	1,006	16 (4)	318	14 (5)	128	9 (2)	17	19 (7)	244
中　部	6 (3)	103	5 (1)	10	4 (2)	19	4 (1)	0	5 (2)	182
近　畿	11 (1)	1,835	11 (2)	1,772	13	1,746	14 (1)	1,935	11 (1)	1,733
中　国	7 (1)	177	6 (2)	323	15 (1)	844	10 (2)	205	11 (1)	188
四　国	1	36	3	231	1	4	3	124	1	0
九　州	11 (1)	529	12 (3)	836	13 (2)	836	13 (1)	387	12 (1)	233
計[※2]	66 (10)	3,785	59 (14)	3,563	68 (15)	3,686	59 (9)	3,080	66 (13)	2,857

注1　被害事業者数には原水のみに異臭味が発生し、浄水では被害が発生していない事業者を含む。
　　また、被害事業者数右の（　）内の数字は、水道用水供給事業の数を内数で表したものである。
注2　被害人口とは、浄水で1日以上の期間、異臭味による被害が発生した浄水施設にかかる給水人口である。また、被害人口は百の位を四捨五入し、千人単位で表示しているため、各ブロックの統計と計の数は必ずしも一致しない。

（厚生労働省HP「水道水質の被害状況等調査」〈平成16年〉より引用）

5年後に半減、早急にゼロにするという目標を掲げている。

クリプトスポリジウム対策

　現在、浄水処理で最も関心がもたれているのが、クリプトスポリジウム対策である。平成8年8月埼玉県越生町で、約13,000人の町民のうち、約9,000人がこの感染症に罹患した事例は、わが国における水道水が原因で発生した消化器系感染症の最大のものとなった。
　厚生労働省は、平成8年に「水道におけるクリプトスポリジウム暫定対策指針」を策定し、水道施設の技術的基準を定める省令において「原水に耐塩素性病原生物が混入する恐れがある場合にあっては、これらを除去することができる濾過等の設備が設けられている」（第5条第1項第8号）と規定した。
　このような経緯から、各浄水場では、クリプトスポリジウム対策として濾過池出口の濁度を0.1度以下に維持する等の濁度管理を徹底して対応してはいるが、最近においてもクリプトスポリジウムが浄水から検出される等により、緊急の給水停止が行われた水道は17カ所に達しており、各水道施設の対策は十分

図2-3　異臭味被害率

```
異臭味被害率
 ・定義式 :  (A×B) / (C×365) ×100
            A：異臭味被害人口（人）
            B：異臭味被害の発生期間（日）
            C：全給水人口（人）
 ・単位：％
 ・使用データ：平成16年度厚生労働省調査
```

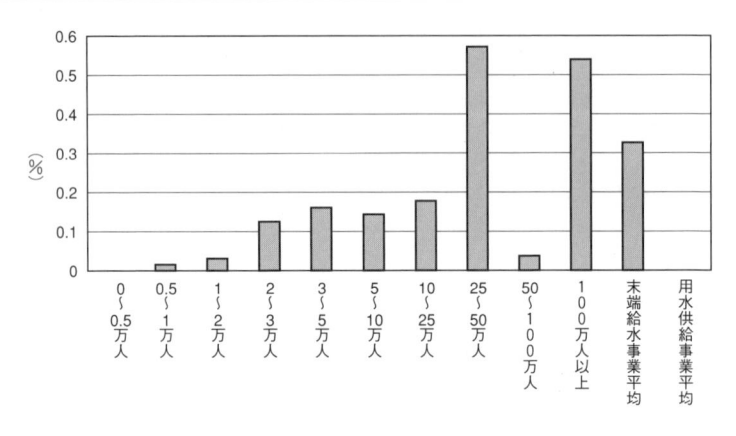

（「水道ビジョンフォローアップ調査報告書」社団法人全国上下水道コンサルタント協会　平成16年度より引用）

とはいえない状況にある*。

　平成17年度末時点で、全国の水道事業、水道用水供給事業および専用水道における浄水施設20,064施設のうち、クリプトスポリジウムによる汚染の恐れがある施設は5,480施設で、その44％に当たる2,404施設においては、クリプトスポリジウムを除去できる濾過池出口設備が設置されておらず、恒久的な予防措置が取られていないと報告されている。

　　*クリプトスポリジウム対策については、上記の暫定対策指針に替わり、紫外線処理を加えた新たな指針が平成19年4月1日より適用されている。

消毒副生成物

　高度浄水処理のうち、オゾン処理はかび臭やトリハロメタン等の対策として導入されているが、導入している浄水場数は、全国で37カ所に及んでおり、今後さらに、32カ所の浄水場で導入予定があると報告されている（「水道ビジョン基礎データ集」平成16年6月）。

　最近、このオゾン処理による消毒副生成物が水質課題として注目されてきている。消毒副生成物とは、消毒の際の副次反応によって生成される物質をいい、オゾンと反応して臭素酸やアルデヒド類が生成される。平成16年4月に水質基準が改正され、臭素酸およびホルムアルデヒドが基準項目となっている。水道事業体は、これらの消毒副生成物を除去または低減し、安全な水道水を給水する使命がある。

　また、臭素酸に関しては消毒用の次亜塩素酸ナトリウムを扱う下記の場合にも発生することがあるので、常に臭素酸濃度を確認する必要がある。

- ▼高濃度の臭化物イオンが含まれる次亜塩素酸ナトリウムを消毒用に多量に注入したことによって水質基準値を大幅に超過した事例。
- ▼次亜塩素酸ナトリウムを生成する場合で、原料塩に高濃度の臭化物イオンを含有している場合、臭素酸も生成された事例。
- ▼次亜塩素酸ナトリウムを長期間貯蔵すると有効塩素濃度が低下するので、次亜塩素酸ナトリウムの注入量の増加を招き、臭素酸濃度が上昇する事例。

　塩素処理による消毒副生成物としてトリハロメタン等がある。トリハロメタンは、水道原水中に存在するフミン質等の有機物を前駆物質として塩素処理によって生成される。このトリハロメタンの中には、発がん性を有する化学物質が存在する。

　トリハロメタンは健康障害があることから低減させることが重要であり、前塩素処理の中間塩素処理への変更や、前述の高度浄水処理で対応する場合にも見られる。水質基準では総トリハロメタンを0.1mg／L以下としているが、厚生労働省は安全に配慮して0.07mg／Lと指導している。

　また、トリハロメタン値は浄水場から配水された後でも水温が高いほど、ま

た需要者までの到達時間が長いほど増加する。このため、浄水場はトリハロメタン値と水温、末端需要者までの到達時間をパラメータとした因果関係を把握して、処理、監視していく必要がある。

残留塩素の管理

塩素には、病原菌等に対して強い殺菌作用があることから、水道では、塩素による消毒が法的に義務付けられている。「水道施設の技術的基準を定める省令（第5条第12項第5号）」では、規定に基づく設備を設置するとともに、「消毒を中断しないように消毒設備を維持管理する」としている。

「水道法施行規則（第17条第1項第3号）」では、水道事業者が講じなければならない衛生上必要な措置を規定し、「給水栓における水が、遊離残留塩素を0.1mg／L（結合残留塩素の場合は、0.4mg／L）以上保持するように塩素消毒をすること」としている。この措置は、浄水場で塩素消毒しても、送配水管路で消費されることを配慮して、給水栓における残留塩素を確保するためのものである。このため、「水道法施行規則（第15条第1項第1号）」では、「一日一回以上行う色及び濁り並びに消毒の残留効果に関する検査を行う」としている。このように、水道水の消毒については、法令で厳しく規定されている。

また、水道ビジョンでは、水質事故発生率0％を目標に掲げているが、近年、消毒にかかわる課題が顕在化している。

①消毒設備のトラブル

消毒設備のトラブルは、安全な水道水の生産に直接影響を及ぼす。最近も注入管のノズルが詰まり、消毒剤が注入できなかったため、飲料水に起因する食中毒事件が発生した。また、電気系統の故障で塩素注入機が3日間停止し、塩素が注入されないまま需要者に給水した事例があった。これらは、運転員の問題意識がまったく欠如していた事例である。

②おいしい水と残留塩素の低減化

従来、多くの浄水場は末端給水栓の残留塩素を確保するため、塩素濃度を高めに注入する傾向にあった。近年、おいしい水のニーズが高まり、カルキ臭（塩素臭）を少なくするため適正な残留塩素濃度が求められている。このこと

について、東京都や横浜市等は、厳しい水質目標値を定め、積極的な取り組みを行っている。例えば、東京都では給水栓の残留塩素濃度を0.1mg／L以上、0.4mg／L以下とし、ほとんどの人が消毒用の不快な塩素のにおいを感じないように努めている（平成17年度の達成率約60％）。

③配水・給水系統での残留塩素濃度変化への対応

浄水場等から需要者に給水する場合、需要者への到達時間、さびこぶが付着した経年管状況、水温、受水槽設置等の要因によって残留塩素消費が大きく異なる。また、受水槽を設置している学校等は、休日の使用量がほとんどなく、残留塩素が著しく低下することがある。このような状況から、末端給水栓における残留塩素濃度管理への対応がますます重要になってきている。その方法として、原水水質の把握と浄水処理への反映、毎日検査の徹底と異常検知装置の導入、塩素消費の少ない管路への更新、追加塩素処理の導入、直結給水化と自動水質計器による適正な水質管理等が有効である。

受水槽の水質管理

家庭や仕事場で蛇口をひねれば水道水が出てくるのはどこも同じであるが、その少し手前の給水方式（装置）をみると大きく二つに分けられる。直結給水方式と受水槽給水方式である。前者は道路上の配水管から給水管が分岐され、配水管の圧力を利用して蛇口まで給水されるものである。後者は道路上の配水管から一度受水槽に受けて、その後、ポンプ等を利用して蛇口まで給水する方式である。前者は一般家庭に多く、後者は一時的に大量の水道水を使用するビル、学校、マンション、工場に多い。

水道布設の草創期は高い建物が少なかったこと、漏水を少なくするため、水圧を低くするよう計画されたこと、配水管の材質があまり高い水圧に耐えられるものではなかったこと等の理由から配水圧を高くはしなかった。また、配水管路網も脆弱(ぜいじゃく)であったため、一度に大量の水を1カ所で使用すると周囲の水圧が下がり、出水不良を起こす状況であった。このようなことから上記のような施設には受水槽を義務付けたものである。

受水槽給水方式は災害や事故等による水道の断水時にも給水が確保できる利

点があるが、平常時は設置構造、残留塩素管理、清掃など衛生面での管理に大きな課題がある。例えば、平成6年、平塚市のクリプトスポリジウムによる集団下痢症(げり)の発症は雑居ビルの地下にあった受水槽に隣接する汚水槽の排水ポンプが故障したため汚水槽の汚水が受水槽に逆流したことが原因であった。

受水槽は所有者各個人の財産、管理であるため、上記のような設備の不良や管理の不適切による水道水質に関する衛生上のトラブルが懸念されるところとなっている。

受水槽を使用する施設は簡易専用水道と小規模貯水槽水道に大きく分けられる。前者は受水槽の有効容量が10m³以上の施設で水道法の適用を受ける。後者はそれ以下の容量の施設で水道法の適用は受けないが、多くの自治体では条例により法に準じた取り扱いを規定している。

法律では、受水槽の清掃を1年に1回定期的に行うこと、施設の点検と改善を行うこと、水質管理に注意し異状があれば水質検査を行うことなどが規定されているが、水質管理率（平均値）でその実態を見てみると**表2-6**のとおりである。水質管理率は水質検査の受検率と不合格率から水質検査を受け、その結果水質に問題はないと認められた比率である。

表2-6の結果から、法の規制があっても管理が十分とはいえない状況であることが分かる。

水道事業体ではその解決策として直結給水を推進しており、配水管の水圧および配水管網の整備計画などと整合を取りながら、順次その範囲を拡大する方向にある。しかし、その推進に当たっては、水道事業体側では配水池位置の変更、配水ポンプ揚程の変更、配水区域の変更、配水管材質の変更、配水管網の充実、受水側では増圧ポンプの設置など、おのおの相応の費用の要する課題を抱えている。

いずれにしろ現在、水道事業体では老朽管の布設替えに伴う管種の変更→直結給水の推進→受水槽の水質問題の解決および残留塩素の適正管理・低減化という流れで、安全でおいしい水の給水を図ることが進められている。

表2-6 水質管理率(平均値)の実態

水質管理率＝ $\frac{A\times(100-B)}{100}$

A：水質検査受検率(％)
B：水質検査不合格率(％)

	水質検査受検率	水質検査不合格率	水質管理率
簡易専用水道	80％	37％	50％
小規模貯水槽水道	3.5％	45％	1.9％

(社団法人全国上下水道コンサルタント協会「水道ビジョンフォローアップ調査報告書」平成16年度より引用)

環境配慮──エネルギー消費

　水道事業はエネルギー消費産業の側面も有するところから、地球温暖化対策の一環として省エネルギー対策、石油代替エネルギーの利用促進などが進められている。水道ビジョンにおいては次の目標が掲げられている

▼単位水量当たり電力使用量(現況：0.50kWh〈平均〉)を10％削減する。
▼石油代替エネルギー利用事業者の割合を100％とする。

　水道事業における電力使用量は平成16年度で約77.74億kWhであり、わが国の総電力使用量8,921億kWh(自家発含まず、電気事業便覧)に対する比率は約0.9％である。また、給水量1 m^3当たりの使用電力量は0.50kWhであり、ここ十数年はほぼ横ばいである(図2-4参照)。水道におけるエネルギー使用の大半はポンプによるものであり、目標達成のためにはポンプ効率の改善や施設再配置による自然流下方式の採用などの施策実施が早急に行われなければならない。

　また、近年は水道事業においても石油代替エネルギーとして、小水力発電や太陽光発電の利用が積極的に行われつつあり、小水力発電導入事業体15カ所、太陽光発電導入事業体13カ所[※1]となっている。しかし、石油代替エネルギー利用事業者の割合は1.8％[※2]であり、水道ビジョンの目標である100％には程遠い状況にある。

図2-4 使用電力の推移

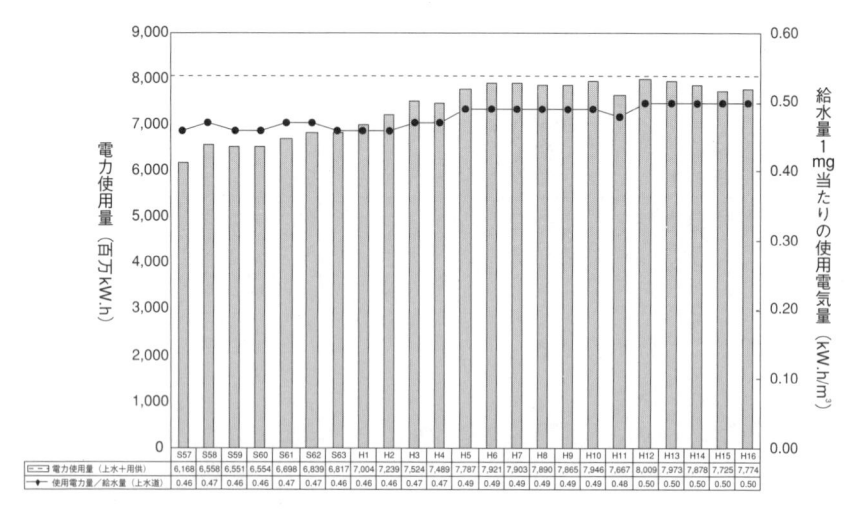

	S57	S58	S59	S60	S61	S62	S63	H1	H2	H3	H4	H5	H6	H7	H8	H9	H10	H11	H12	H13	H14	H15	H16
電力使用量（上水＋用供）	6,168	6,558	6,551	6,554	6,698	6,839	6,817	7,004	7,239	7,524	7,489	7,787	7,921	7,903	7,890	7,865	7,946	7,667	8,009	7,973	7,878	7,725	7,774
使用電力量／給水量（上水道）	0.46	0.47	0.46	0.46	0.47	0.47	0.46	0.46	0.47	0.47	0.49	0.49	0.49	0.49	0.49	0.49	0.49	0.48	0.50	0.50	0.50	0.50	0.50

（水道ビジョン参考資料のデータ〈昭和57～平成13年〉に、水道統計から平成14～16年分を追記して作成）

※1 「水道事業における環境対策の手引き書」（平成16年3月）社団法人日本水道協会
※2 「水道ビジョンフォローアップ調査報告書（平成16年度）」社団法人全国上下水道コンサルタント協会

環境配慮──浄水発生土の有効利用

　大量生産、大量消費、大量廃棄型の経済社会から脱却し、廃棄物の効率的な利用やリサイクルを進展させ、環境負荷の低減を図る資源循環型社会が求められている。

　水道事業における環境対策として、浄水処理過程で発生する浄水発生土対策がある。浄水発生土は、「廃棄物の処理及び清掃に関する法律」で汚泥に該当し、産業廃棄物の取り扱いを受けるため、法令に従って適切に処分する必要がある。ただし、有価物として売却した場合は、産業廃棄物の取り扱いから除外される。

　近年、埋立地処分地や廃棄処分地は、法的な規制や環境保全上から、新規立

第2章 水道事業の現状

図2-5 浄水発生土の有効利用率

- 定義式： $\dfrac{A}{B} \times 100$
  - A：浄水汚泥の有効利用量（DS－t／年）
  - B：浄水汚泥の処分土量（DS－t／年）×100
- 単位：％
- 使用データ：平成15年度　水道統計

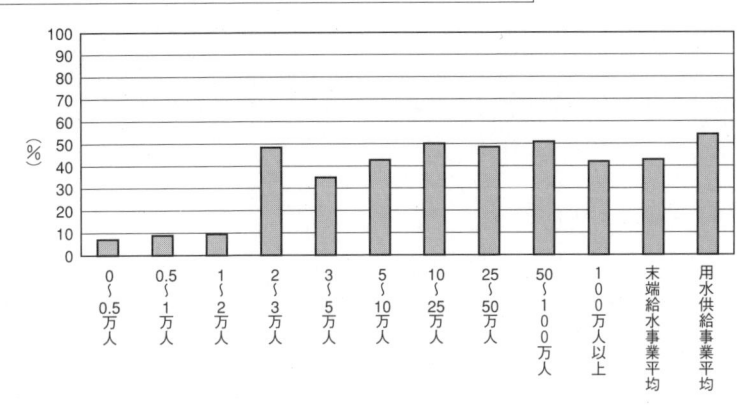

（社団法人全国上下水道コンサルタント協会「水道ビジョンフォローアップ調査報告書」平成16年度より引用）

地が厳しくなっている。また、現有処分地の残余も逼迫している。このような状況から、浄水発生土の有効利用がいっそう求められている。

現在では、有効利用しやすい無薬注の加圧脱水方式が主流となっているが、脱水方式、薬品注入方式により発生土の質が異なり、有効利用先も異なるため、水道事業体は、経済性、継続性等を考慮して有効利用先を選定する必要がある。有効利用先としては、主に園芸・農業用土、グラウンド用土、セメント原材料、土木材料等がある。

浄水発生土の有効利用は、昭和50年代ごろから推進され有効利用先も拡大してきたが、緩やかな伸びとなっているのが実態である。浄水発生土の有効利用率の状況を**図2-5**に示す。

水道ビジョンでは浄水発生土の有効利用率100％の目標を掲げているが、現在の有効利用率は全国平均で約48％、給水人口2万人以下は特に低く10％以下

となっている。

　最近、道路面温度の低減を目的として、舗装体のすき間に注入する保水材に浄水発生土を利用することが報じられていた。今後、浄水発生土の有効利用の拡大を図るには、新たな有効利用先の発掘や利用者側に受け入れられるような品質の向上を図る必要がある。

2．施設の課題

トータルストック

水道資産の特徴としては、**図2-6**に示すように、約37兆円に上る巨大な社会資本であること、資産額の約3分の2が水輸送系の管路施設であり地下に埋設されていて「見えない資産」であることが挙げられる。また、これらの資産は高度経済成長期に集中的に投資されており、施設の寿命に比べて比較的短期間に整備されたものである。従って、今後の資産維持には多額の資金が必要であると考えられ、また更新需要が集中することが懸念される。

図2-6　水道資産ストック額の内訳　単位：兆円

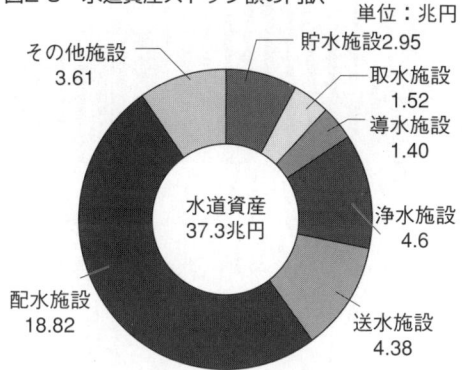

その他施設 3.61
貯水施設 2.95
取水施設 1.52
導水施設 1.40
浄水施設 4.6
送水施設 4.38
配水施設 18.82
水道資産 37.3兆円

注　上水道および用水供給事業の合計値。
なお、水資源開発公団（現水資源機構）施工分施設は含まれない。
（平成13年度末　水道ビジョン参考資料より引用）

現有施設に対する将来の更新需要は第1章に述べられているように平成32年にピークを迎えるが、将来の更新需要には、更新時の機能向上分や今後の投資に対するために再更新分も計上する必要がある。

将来の更新需要（除却額）を試算した例を水道ビジョンの参考資料から**図2-7**に示す。この試算例では、近年の厳しい財政状況を勘案して投資が前年度比マイナス1％で減少すると仮定した場合、20年後には投資額が必要な更新額を下回りストックが減少に転ずる状況になると推計されている。

継続的かつ計画的な施設更新が必要であり、そのためには、更新需要の見積もりや施設規模の適正化などの長期的な見通し、維持修繕による施設寿命の延命化、更新の必要性に関する情報提供による需要者（お客様）の理解が不可欠である。

図2-7 将来の更新需要の試算
(水道ビジョン参考資料より引用)

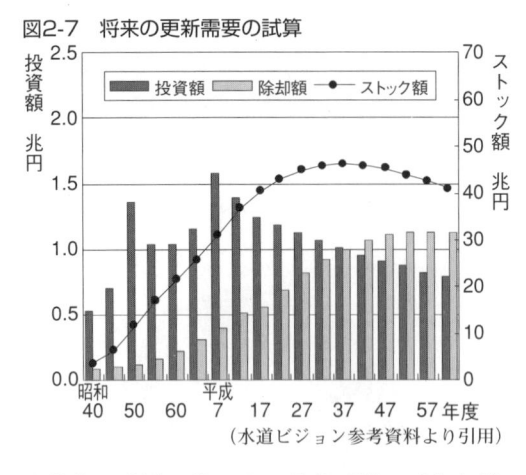

図2-6に示すように水道のストックの半分は配水施設である。配水施設は配水池から配水管路により需要者まで水を供給する施設であり、需要の面的広がりや密度により管のルートや口径が決定される。従来は、拡大する給水区域や増大する需要水量に追従するための面的・量的拡充が行われてきた。今後は、少子高齢化の進展に伴う人口移動（例えば東京都の多摩ニュータウンでは開発が先行した多摩市で人口が大きく減少している）や地方都市における中心市街地の衰退などにより給水区域内での需要分布が変化することが想定される。この対応には、配水池やポンプ場などの施設の再配置、配水管路の再編成も考慮した施設更新が行われなければならない。

水源の余裕

今後は個別設備の更新だけではなく、浄水場などの大規模な更新が必要な水道事業が増加する。水道施設の更新は、水の供給を中断することなく行うことが不可欠である。水道施設設計指針（平成12年、社団法人日本水道協会）にもあるように、水道施設全体としてバランスの取れたゆとりを持つことが必要である。具体的には、水源の多系統化、浄水場予備力の保有、配水池の容量増強、送水管路・配水幹線の複数系統化・ループ化などを、水道システム全体の視点の中で検討して必要な「ゆとり」を持つことである。平成18年8月に起きた広島県送水トンネル崩落事故では、最大3万を超える世帯で1週間以上の断水が生じた。代替施設が存在しない送水トンネルで起きた事故であり、水道施設全体の中での弱点を突かれたといえるが、同様の弱点を内在した事業体は少なくないと考えられる。

第 2 章　水道事業の現状

図2-8　水道の余裕率、利用率

$$水源余裕率（％）=\left(\frac{確保している水源水量（m^3／日）}{1日最大配水量（m^3／日）}-1\right)\times 100$$

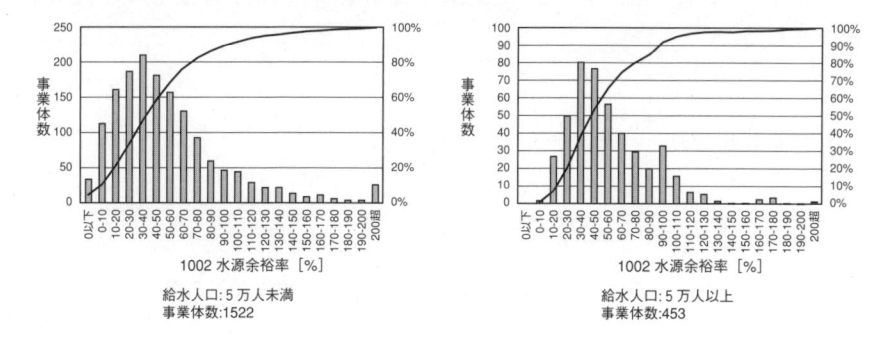

給水人口：5万人未満
事業体数：1522

給水人口：5万人以上
事業体数：453

$$水源利用率（％）=\left(\frac{1日平均配水量（m^3／日）}{確保している水源水量（m^3／日）}\right)\times 100$$

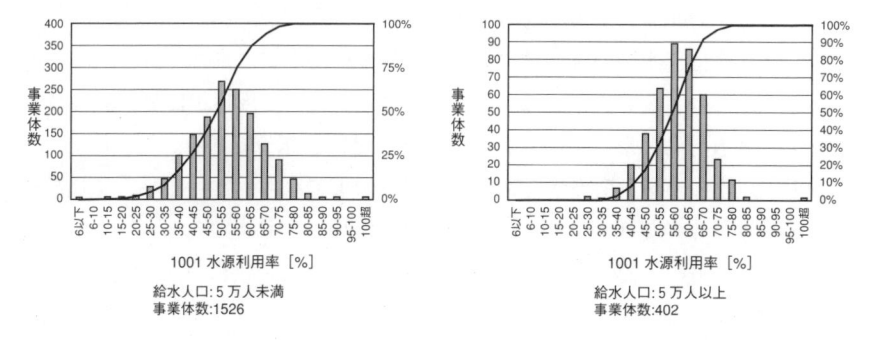

給水人口：5万人未満
事業体数：1526

給水人口：5万人以上
事業体数：402

財団法人水道技術研究センターHP「水道事業ガイドライン業務指標(PI)算定結果について」
-第2報-より引用

　浄水場の更新に際しての浄水能力の確保については次節で詳述することとし、ここでは水源の余裕について業務指標を用いて述べる。
　水源水量の余裕に関連する水源余裕率と水源利用率の二つの業務指標を**図2-8**に示す。水源余裕率は年間の一日最大配水量をベースとした指標であり、水源利用率は年間の平均値である一日平均配水量で見た指標である。当然ではあるが、水源余裕率の分布は水源利用率の分布よりも左側（率の低い方）に位置

95

している。

　水源余裕率の図の定義式は、次式のように変形すると意味が分かりやすい。すなわち、一日最大配水量を超える確保水源水量の一日最大配水量に対する割合である。

$$水源余裕率(\%) = \frac{(確保している水源水量 - 1日最大配水量)}{1日最大配水量} \times 100$$

※水量の単位は$m^3/日$

　事業数が最も多いのは5万人未満、5万人以上とも30～40%のランクであり、度数分布は右側にすそ野の長い形状となっている。施設更新や非常時対応を考えると30～40%程度の余裕は必要と考えられる。ただし、第1章に述べたように、今後人口減少に伴う施設のダウンサイジングに対応するためには、指標の分母である水源水量の見直しも課題になる。

　水源利用率は、水源の確保量に対する一日平均配水量の割合である。事業数が最も多いのは、5万人未満は50～55%のランク、5万人以上は55～60%のランクで、度数分布の形状は両者ともほぼ左右対称となっている。

　5万人以上の事業は50%から70%に大部分の事業が入っているが、5万人未満の事業は分布の範囲が広く、ばらつきが大きい。

浄水施設の更新

　水道施設は、確立した在来技術の上にその時々に適した最新技術を導入して安定給水に寄与してきた。これらの施設や設備は、運転時間の経過とともに経年劣化し、そのまま何も手を加えずに継続使用すれば、やがてその機能を発揮できなくなる。

　浄水施設は、**図2-9**に示すように1960年代から1980年代に建設された施設が約7割を占めている。これらの浄水施設は、今後、大量に更新時期を迎え、その更新費用の確保が大きな課題となっている。

　一方、近い将来、南海、東南海、東海および首都直下型地震等の大地震の発

第2章 水道事業の現状

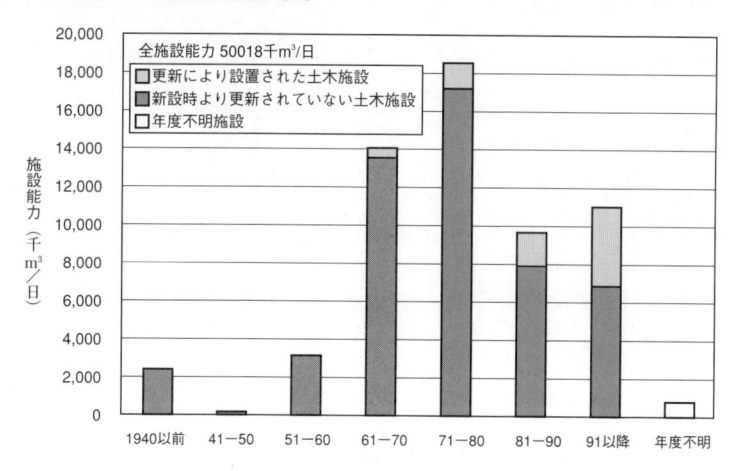

図2-9 浄水場の土木施設の設置時期

	1940以前	41-50	51-60	61-70	71-80	81-90	91以降	年度不明	計
更新により設置された土木施設	74 0.1	8 0.0	17 0.0	456 0.8	1,362 2.3	1,716 2.9	4,207 7.0	0 0.0	7,839 13.1
新設時により設置されていない土木施設	2,453 4.1	200 0.3	3,166 5.3	13,614 22.7	17,230 28.7	7,927 13.2	6,800 11.3	0 0.0	51,391 85.6
年度不明施設	0 0.0	0 0.0	0 0.0	0 0.0	0 0.0	0 0.0	0 0.0	787 787.0	787 787.0
計	2,527 4.2	208 0.3	3,183 5.3	14,070 23.4	18,593 31.0	9,643 16.1	11,007 18.3	787 1	60,018 100

N=1206　　上段：施設能力（千m³/日）、下段:割合（%）

※土木施設の更新が複数の年度にまたがる場合、最終の更新年度で計上している。

※割合（%）は全施設能力60,018千m³／日に対する割合とする。
（社団法人全国上下水道コンサルタント協会「水道ビジョン基礎データ集」平成16年度）

生を中央防災会議が予測している。大地震が発生した場合でも、水道はライフラインとしてその重要な役割を果たさなければならず、よって、水道施設の耐震化を図り、断水を最小限にすることが求められている。

　さらに、今後、高度浄水処理施設の導入が考えられるが、多くの浄水場は新たな用地を確保することが難しい状況にある。この場合も、浄水場を運転しながら既存施設の取り壊しと新規施設の建設を同時に行わなければならない。

　このように水道施設の大規模更新とレベルアップとしての地震対策や高度浄水施設導入推進は、水道事業体の責務となっている。このような工事を実施する場合においては、部分的もしくは全面的に施設を停止して実施する場合が多

図2-10 浄水予備力確保率

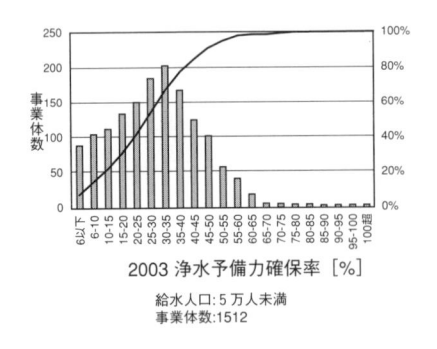

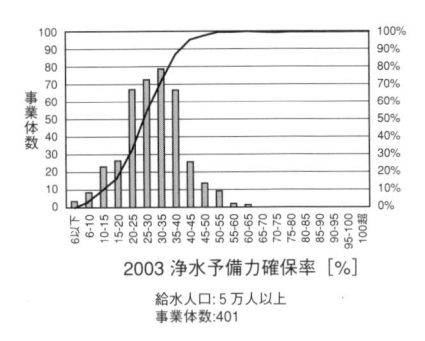

給水人口：5万人未満
事業体数：1512

給水人口：5万人以上
事業体数：401

$$浄水予備力確保率（\%） = \left[\frac{（全浄水施設能力（m^3／日）－1日最大上水量（m^3／日））}{全浄水施設能力（m^3／日）}\right] \times 100$$

(財団法人水道技術研究センター「水道事業ガイドライン業務指標(PI)算定結果について」
-第2報-より引用)

図2-11 更新・改造時における施設能力確保の考え方

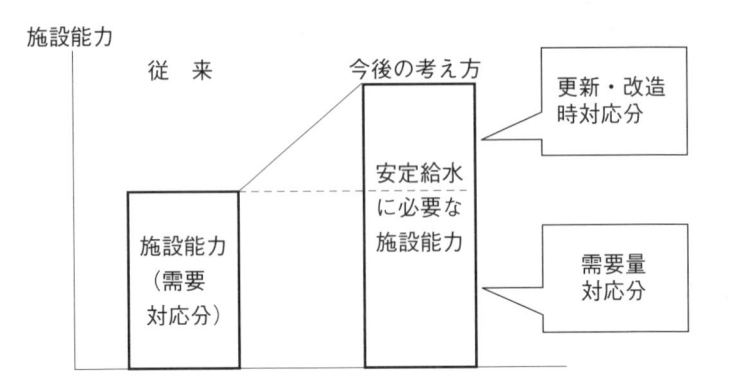

く、施設能力の低下が避けられない状況にある。

上記のような施設の更新時等における代替施設能力の確保に関して、「水道施設の技術的基準を定める省令」では、水道事業の給水の確実性を向上させるため、それぞれの施設もしくは設備に予備を設けることが規定されている。

また、「水道施設設計指針・解説」では、水道施設全体として、バランスのとれたゆとりを確保し、システムとして対応力を向上させることとし、例えば、浄水場についていえば浄水場の予備力として当該浄水場の計画浄水量の25％程度を標準として確保することとしている。
　現在の全国の浄水場における浄水予備力確保率については、**図2-10**のようになっている。浄水予備力確保率は、給水人口5万人未満、5万人以上とも25％前後の事業体が多くなっているが、5万人未満の水道事業体では、予備力25％以下がほとんどという状況である。
　この予備力確保率は、施設全体能力と最大浄水量との差を予備力として算定したものであるが、複数の浄水場が存在する場合は、それぞれバックアップとして送水系、配水系での相互運用能力が確保されていなくてはならない。
　このような状況から、浄水場の大規模更新や地震対策等を実施するには、工事で当該施設が部分的に停止しても給水に支障を及ぼさないように、①全体としてゆとりある施設能力の確保、需要量に対応できる施設能力の確保、②予備系列の確保、③浄水場間の原水、浄水の相互融通や配水系でのバックアップ機能の確保、等の方策を確保することが望まれる（**図2-11**参照）。

高度浄水処理施設の導入状況

　オゾン処理、粒状活性炭処理、粉末活性炭処理、生物処理および膜処理のいわゆる高度浄水処理の導入状況を**図2-12**に示す。高度浄水処理は、給水人口100万人以上の大規模な都市で導入率が高く、70％を超えている。
　高度浄水処理は、異臭味除去のほかにトリハロメタン、農薬、内分泌かく乱化学物質、ダイオキシン、ノロウイルス等へも効果があることから、これらの対策が主たる導入目的となっている場合も見られている。しかし、それには、多額の建設費用と用地、高度な運転技術と維持管理費用を要することから、財政状況が厳しく、専門技術職員の確保が困難な水道事業体では導入したくても導入できない場合も見られている。今後は、経済的で効率が良く、維持管理性に優れた高度浄水処理技術が求められている。

図2-12 高度浄水処理の導入状況

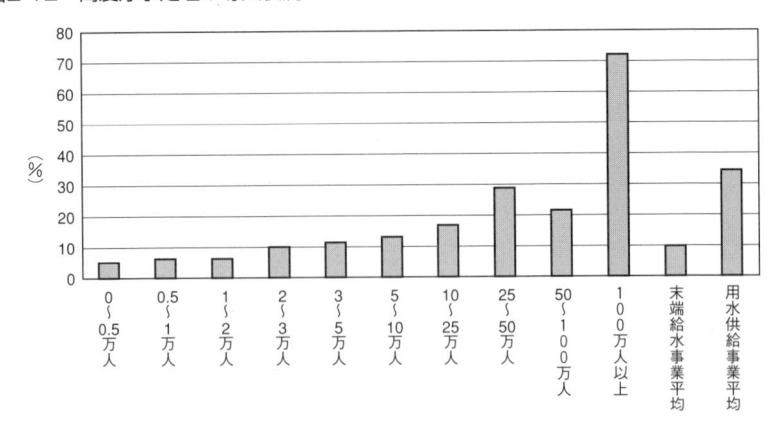

```
(グラフ:縦軸 %, 0〜80)
0〜0.5万人: 約5
0.5〜1万人: 約7
1〜2万人: 約7
2〜3万人: 約10
3〜5万人: 約12
5〜10万人: 約14
10〜25万人: 約18
25〜50万人: 約30
50〜100万人: 約22
100万人以上: 約73
末端給水事業平均: 約11
用水供給事業平均: 約35
```

・定義式：高度処理を実施している事業体数の全事業体に対する比率。
　　　　　高度処理とは、以下の内容とした
　　　　　A：オゾン処理
　　　　　B：粒状活性炭
　　　　　C：粉末活性炭
　　　　　D：生物処理
　　　　　E：膜処理
・単位　：％（都道府県単位での実施状況）
・使用データ：平成15年度ビジョン策定のためのアンケート調査

（「水道ビジョンフォローアップ調査報告書」社団法人全国上下水道コンサルタント協会
　平成16年度より引用）

老朽管の更新

　前述のように戦後の混乱が落ち着き始めた昭和30年ごろから水道の普及が加速し、それとともに水道の管路延長も増大した。**表2-7**に管種別の管路延長推移を示す。
　昭和30〜40年代の普及率が急上昇した時代は、安くて施工性の良い石綿セメント管や硬質塩化ビニル管が特に小規模の事業体で多く使われた。その後、石綿セメント管は、管体強度が弱く、酸性土壌では劣化も著しいことが明らかとなり、地震対策等を考慮して積極的な更新がなされてきた。昭和55年時点では

表2-7　管種別の管路延長の推移
(km)

管種/年度	昭和31年度 (1956)	昭和40年度 (1965)	昭和50年度 (1975)	昭和60年度 (1985)	比率	平成7年度 (1995)	比率	平成16年度 (2004)	比率
ダクタイル鋳鉄管	—	—	—	181,358	45.1%	240,449	47.5%	320,485	54.5%
鋳鉄管	—	—	—			33,246	6.6%	26,851	4.6%
(小計)	—	—	—	181,358	45.1%	273,695	54.1%	347,336	59.1%
鋼管	—	—	—	16,024	4.0%	18,250	3.6%	18,910	3.2%
石綿セメント管	—	—	—	82,485	20.5%	47,506	9.4%	16,635	2.8%
硬質塩化ビニル管	—	—	—	109,639	27.3%	155,420	30.7%	186,474	31.7%
その他	—	118,750	—	12,320	3.1%	11,454	2.3%	18,172	3.1%
計	50,263	68,487	262,866	401,826	100.0%	506,325	100.0%	587,527	100.0%
増加管路延長	—		144,116	138,960		104,499		81,202	

注　上水道事業および水道用水供給事業

(平成16年度　水道統計より引用)

全管路延長の約26％を占めていたが、今では3％を切り、耐震対策上からも早期の更新が望まれている。しかし、平成16年度現在でまだ約1.7万kmも残存しており、しかもそれらは財政基盤の弱い小規模事業体に多く、その早期の解消が危ぶまれている。

平成16年度の管種別延長では、ダクタイル鋳鉄管が54.5％で最も普及しており、次いで硬質塩化ビニル管が31.7％と続き、この2管種で86.3％を占めている。

また、**表2-8**に示すとおり、経年管は約22万kmにも達し、全管路の38.2％を占める状況になってきている。5万人以上の事業体では経年管の比率は41.4％であり、その半数をダクタイル鋳鉄管が占めている。また、5万人未満の事業体では比較的水道の歴史が浅いため、経年管の率は31.8％であり、硬質塩化ビニル管がその半数を占めている。

規模別の管路更新率を図2-13に示す。管路の更新率は、(当該年度に更新された管路延長／管路総延長)×100と定義され、単位は(％)で示される。この値の逆数が管路をすべて更新するのに必要な年数を示す。すなわち、管路更新率1％とは、当該事業体の全管路を更新するのに100年を要するという意味になる。

表2-8　経年管の布設状況

区分	集計数(事業体)	鋳鉄管(km)	比率	ダクタイル鋳鉄管(km)	比率	鋼管(km)	比率	石綿セメント管(km)	比率	硬質塩化ビニル管(km)	比率	その他(km)	比率	計(km)	経年管率
5万人以上	395	18,676	11.8%	81,117	51.1%	6,945	4.4%	6,361	4.0%	39,073	24.6%	6,525	4.1%	158,697	41.4%
5万人未満	1,174	3,311	5.4%	14,760	24.0%	2,302	3.7%	8,440	13.7%	31,139	50.7%	1,479	2.4%	61,433	31.8%
合計	1,569	21,987	10.0%	95,877	43.6%	9,247	4.2%	14,801	6.7%	70,212	31.9%	8,004	3.6%	220,130	38.2%

注1　ここで経年管とは、石綿セメント管、鉛管および敷設後20年以上経過した硬質塩化ビニル管、鋳鉄管、鋼管、コンクリート管、その他の管をいう。
注2　上水道事業および水道用水供給事業の合計値である。

(平成16年度　水道統計より引用)

　図2-13から、給水人口5万人以上の事業体は0.8〜1.0%を中心に正規分布のようなばらつきであるが、給水人口5万人未満の事業体の管路更新率はさらに低くなっている。財政基盤の脆弱性から管路更新を進められないためである。
　管路更新率1.0%の持つ意味は全管路を更新するのに100年かかることを表し、法定耐用年数が40年程度の管路にとってこの更新スピードは極めて遅いと見るべきであろう。高機能ダクタイル鋳鉄管などは法定耐用年数以上の60年くらいは持つといわれているが、それでも管路更新率は1.7%以上は必要であり、ほかの管種も混在することを考慮すれば、2.0%以上の更新率を目指すべきではないかと考える。
　老朽管(経年管)の課題は経年劣化等によって管体が破損しやすくなっていることである。このことは地震対策上はもちろんであるが、平時においても事故の発生確率が高まっていることを示すものである。
　現在約60万kmの管路が存在し、その布設替えに1m当たり5万円の費用を要するとするとその更新費用は30兆円と試算される。平成17年度の水道事業の建設投資額は約1.2兆円／年であるから、その3分の2(0.8兆円／年)を管路更新に回したとしても全管路を更新するには約40年を要するという計算になる。その時には、40年を経過した新たな老朽管が発生することになるから、水道管路を維持していくためにはこのサイクルを順に繰り返していかなくてはならないことになる。

第2章　水道事業の現状

図2-13　管路の更新率

$$\text{管路の更新率（\%）} = \left(\frac{\text{更新された管路延長〈km〉}}{\text{管路総延長〈km〉}} \right) \times 100$$

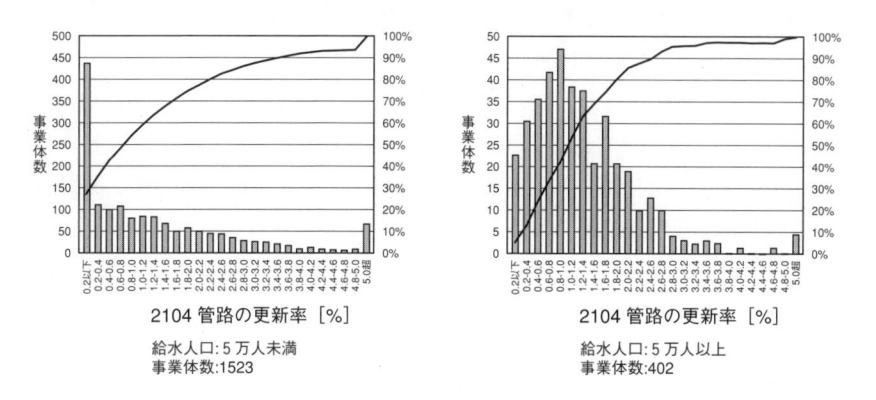

給水人口：5万人未満
事業体数：1523

給水人口：5万人以上
事業体数：402

業務指標（PI）	単位	5%値	20%値	50%値	80%値	95%値
給水人口5万人未満	％	0.00	0.00	0.83	2.31	4.78
給水人口5万人以上	％	0.15	0.57	1.12	1.93	2.79

（財団法人水道技術研究センターHP「水道事業ガイドライン業務指標(PI)算定について」
　第2報より引用）

　近年、水道界でもアセットマネジメントの概念を採り入れた施設整備手法が提案されている。特に、送配水管の工事は、水道工事費の60～70％を占めると言われており、その計画の巧拙は水道事業経営に大きな影響を与えるので、更新サイクルを少しでも長くする工夫をするとともに、事故の発生を未然に防ぐ予防保全の観点から上記のような手法をうまく使って、計画的に更新を進める必要がある。
　いずれにしろ、水道は膨大な施設を抱えているシステムであるので50～100年を見通したものの考え方で対処していかなければならない。

地震対策

わが国は地震国である。毎年のように地震による水道施設の被害が発生していることが分かる。また、関東大震災以降にわが国で発生したマグニチュード7以上の地震を概観すると、発生場所は関東以北が多く、中部から関西以西では相対的に少ないようである。確かに、昭和20年前後に、鳥取地震（昭和18年）、東南海地震（同19年）、三河地震（同20年）、南海地震（同21年）、福井地震（同23年）などの立て続けに甚大な被害をもたらした地震が中部・関西以西に発生したが、その後約50年近くの間、水道施設に甚大な被害を与えるような大きな地震が中部から関西以西には発生していなかった。

そして、平成7年、阪神・淡路大震災が発生し、神戸市を中心とした周辺市町村の水道施設が甚大な被害を被ったことから、全国的に地震対策への関心が高まった。水道施設の被害事例を示すと**表2-9**のようである。

また、その時の管種別の管路被害率を大きな順に並べると以下のとおりである（『水道施設耐震工法指針・解説』398ページ参照）。

↑被害率大
　i）石綿セメント管
　ii）ＴＳ継手硬質塩化ビニール管
　iii）ネジ継手鋼管
　iv）鋳鉄管
　v）ダクタイル鋳鉄管
　vi）溶接鋼管

上記の被害率の順番は管体強度等からおおむね想定されるものであり、従って、今後の管路整備は耐震性の高いダクタイル鋳鉄管（耐震継手、離脱防止継手）、鋼管（溶接継手）および水道用ポリエチレン管（高密度、融着継手）のいわゆる耐震管を採用すべきである。

配水池と管路の耐震対策の進捗状況を都道府県別のデータから見てみる（**図2-14、図2-15**）。全国平均値は、配水池耐震施設率27.6％、管路耐震化率9.2％

第 2 章　水道事業の現状

表2-9　兵庫県南部地震による水道被害事例

被災事例（施設等）	被災事例（送配水・給水管等）
貯水池堤体崩壊、崖崩れにより取水口全壊、取水ポンプ損傷、導水路トンネル亀裂損傷、導水路一部圧潰、浄水場破損（沈殿池、濾過池、傾斜板、排水処理施設、消毒用配管、場内配管等）、洗浄水槽支持柱亀裂、法面崩壊、配水池破損など	送水管破損、送水ポンプ破損、配水管損傷、給水管破損、橋梁添架部等の損傷

（阪神・淡路大震災調査報告編集委員会「阪神・淡路大震災調査報告」より抜粋）

図2-14　配水池耐震施設率（都道府県別）

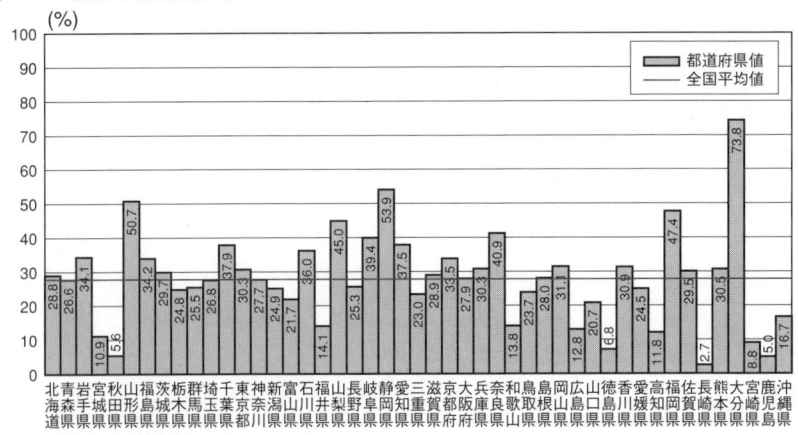

凡例：都道府県値、全国平均値

都道府県別の値（北海道から沖縄まで）：
北海道 28.8、青森県 26.6、岩手県 34.1、宮城県 10.9、秋田県 50.7、山形県 5.6、福島県 34.2、茨城県 29.7、栃木県 24.8、群馬県 25.5、埼玉県 26.8、千葉県 37.9、東京都 30.3、神奈川県 27.7、新潟県 24.9、富山県 21.7、石川県 36.0、福井県 14.1、山梨県 45.0、長野県 25.3、岐阜県 39.4、静岡県 53.9、愛知県 37.5、三重県 23.0、滋賀県 28.9、京都府 33.5、大阪府 27.9、兵庫県 40.9、奈良県 30.3、和歌山県 13.8、鳥取県 23.7、島根県 28.0、岡山県 31.8、広島県 12.8、山口県 20.7、徳島県 6.8、香川県 30.9、愛媛県 24.5、高知県 11.8、福岡県 47.4、佐賀県 2.7、長崎県 29.5、熊本県 30.5、大分県 73.8、宮崎県 8.8、鹿児島県 15.0、沖縄県 16.7

図2-15　管路耐震化率（都道府県別）

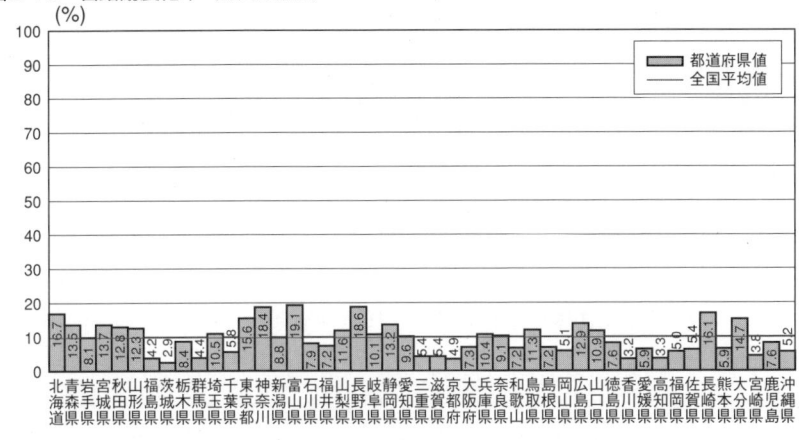

凡例：都道府県値、全国平均値

都道府県別の値：
北海道 16.7、青森県 13.5、岩手県 8.1、宮城県 12.8、秋田県 12.3、山形県 4.2、福島県 2.9、茨城県 8.4、栃木県 4.4、群馬県 6.5、埼玉県 5.8、千葉県 18.4、東京都 19.1、神奈川県 7.9、新潟県 11.6、富山県 10.1、石川県 5.4、福井県 5.4、山梨県 4.9、長野県 7.3、岐阜県 6.0、静岡県 18.6、愛知県 10.4、三重県 9.1、滋賀県 7.0、京都府 11.3、大阪府 7.5、兵庫県 12.1、奈良県 10.9、和歌山県 3.2、鳥取県 5.9、島根県 3.3、岡山県 5.0、広島県 5.9、山口県 3.0、徳島県 16.1、香川県 14.7、愛媛県 13.8、高知県 6.5、福岡県 5.2

（「水道ビジョンフォローアップ調査報告書」平成16年度
社団法人全国上下水道コンサルタント協会より引用）

表2-10 管路の耐震化率の現状（単位：km）

		総延長①	ダクタイル鋳鉄管(耐震型継手)	鋼管	小計②	耐震化率（％）②／①
上水道	導水管	9,477 (1.6%)	500	966	1,466	15.5%
	送水管	19,177 (3.3%)	1,762	2,015	3,777	19.7%
	配水本管	101,433 (17.3%)	5,067	3,590	8,657	8.5%
	配水支管	446,519 (76.0%)	19,611	9,883	29,494	6.6%
	小計	576,606 (98.1%)	26,940	16,454	43,394	7.5%
用水供給	導水管	1,102 (0.2%)	31	388	419	38.0%
	送水管	9,819 (1.7%)	738	2,066	2,804	28.6%
	小計	10,921 (1.9%)	769	2,454	3,223	29.5%
計		587,527 (100.0%)	27,709	18,908	46,617	7.9%
基幹管路		141,008	8,098	9,025	17,123	12.1%

注1　平成16年度　水道統計より作成。耐震化率にはポリエチレン管を含んでいない。
注2　基幹管路とは、水道事業および用水供給事業の導水管、送水管、配水本管の合計である。

（水道統計より引用）

であり、耐震化があまり進んでいないのが現状である。配水池の耐震施設率は都道府県別に見ても特段の傾向は見られないが、管路については地震の頻発する北海道、北東北、地震の発生が想定されている東京、神奈川、東海、中部の都道府県が若干高く、地盤の良いといわれている関東内陸部と地震被害の経験の少ない関西以西の府県は全般的に低くなっている。しかし、その差はわずかなもので全国的に管路耐震化の進捗スピードの遅さを表している。

　水道ビジョンでは、「浄水場、配水池等の基幹施設のうち現状で耐震化され

ている施設は全国で23％程度、基幹管路（導水管、送水管および配水本管）の耐震化率は13％程度、また、応急給水計画を策定している水道事業が34％程度であることから、全国的にはソフト、ハードの両面において十分な備えができているとは言えない状況にある。加えて、施設の老朽化も進んできており、むしろ地震に対する脆弱性が高まってきている」として以下の目標を掲げている。

▼浄水場、配水池等の基幹施設の耐震化率を100％とする。特に、東海地震対策強化地域および東南海・南海地震対策推進地域においてはできるだけ早期に達成する。

▼基幹管路を中心に管路網の耐震化を進める。基幹管路の耐震化率を100％とする。特に、東海地震対策強化地域および東南海・南海地震対策推進地域においてはできるだけ早期に達成する。

管路の耐震化率を平成16年度の水道統計から改めて整理すると**表2-10**のようになる。水道ビジョンで目標としている"基幹管路の耐震化100％"からは、まだ程遠い状況である。一般にこれら基幹管路は単一管路であることが多く、その損傷等はその下流側に広範囲にわたって影響を及ぼすことになるので、積極的に管路の耐震化を進める必要がある。

厚生労働省では水道法に定める施設基準を改定して配水本管等基幹管路については直下型地震等レベル2地震動でも軽微な被害が生じても機能が保持されること、配水支管ではレベル1地震動でも軽微な被害が生じても機能が保持されることとし、それらに対応できる管種および継ぎ手を採用することを明記する方向で検討している。

大規模な地震災害はその発生頻度が数十年間隔であり、感覚的には急を要する課題ととらえることが難しい側面もあるが、その発生したときの被害の甚大さとその整備に要する時間を考えれば、躊躇することなく着実な地震対策の実行が肝要である。

第2節　水道経営の課題

1. 水道事業体の財政状況等

　地方公営企業法の下で営まれている上水道、水道用水供給事業について『地方公営企業年鑑』（平成16年版）および『水道統計』等を用いて、財政状態を中心に水道経営の課題を明らかにすることとした。なお、簡易水道事業については対象としていない。

　水道料金と料金回収率

　水道料金は、原水水質による処理方式の違い、ダム等の取水施設の負担割合、給水人口密度、地形等地域ごとに条件が異なるため、公表されているデータからは一概に論ずることは困難である。しかし、今後料金改定に当たり需用者である住民より料金決定根拠の情報公開が強く求められ、**図2-16**に示す料金格差も問題視され水道事業体ごとの対応が必要となるであろう。また、使用水量の増加により料金単価が上がる逓増型料金制を採っている水道事業体が多く存在している。そのため、水道使用量が多い大口需要家が自家用井戸を掘削して地下水に切り替えが進んでいる。大口需要家と小口需要家との料金格差が解消されない限り自家給水への切り替えがますます増加すると予想され、給水量減少

第 2 章　水道事業の現状

図2-16　都道府県別家庭用水道料金

1カ月10m³使用時水道料金（円）

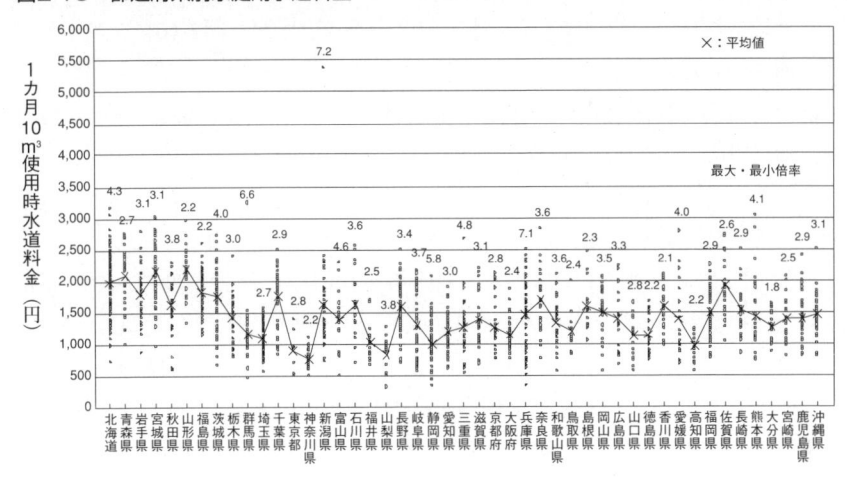

×：平均値
最大・最小倍率

北海道／青森県／岩手県／宮城県／秋田県／山形県／福島県／茨城県／栃木県／群馬県／埼玉県／千葉県／東京都／神奈川県／新潟県／富山県／石川県／福井県／山梨県／長野県／岐阜県／静岡県／愛知県／三重県／滋賀県／京都府／大阪府／兵庫県／奈良県／和歌山県／鳥取県／島根県／岡山県／広島県／山口県／徳島県／香川県／愛媛県／高知県／福岡県／佐賀県／長崎県／熊本県／大分県／宮崎県／鹿児島県／沖縄県

図2-17　給水人口区分別家庭用水道料金

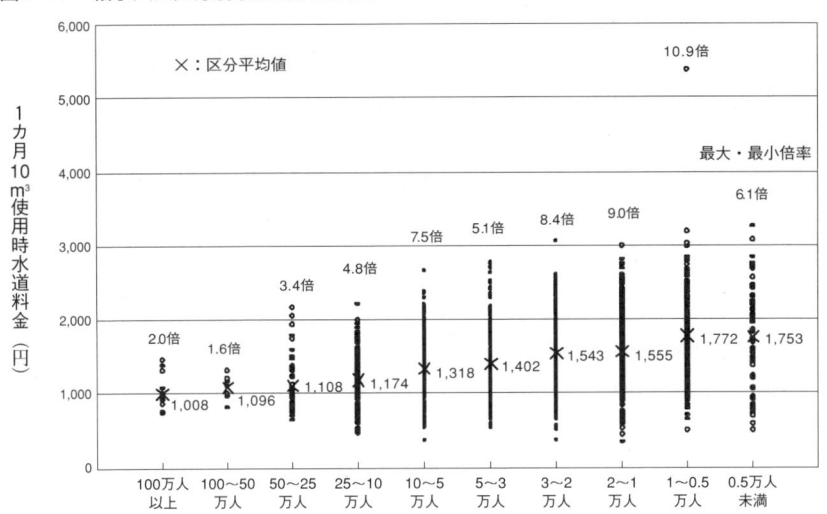

1カ月10m³使用時水道料金（円）

×：区分平均値
最大・最小倍率

区分	平均	倍率
100万人以上	1,008	2.0倍
100～50万人	1,096	1.6倍
50～25万人	1,108	3.4倍
25～10万人	1,174	4.8倍
10～5万人	1,318	7.5倍
5～3万人	1,402	5.1倍
3～2万人	1,543	8.4倍
2～1万人	1,555	9.0倍
1～0.5万人	1,772	10.9倍
0.5万人未満	1,753	6.1倍

に伴う収益の減少が生じ水道事業経営をさらに圧迫する可能性がある。

1カ月当たり10m³使用時家庭用水道料金の都道府県別を図2-16に、給水人口区分別を図2-17に示す。

都道府県別で10m³使用時の家庭用水道料金の平均値が1,000円以下は、東京都、神奈川県、山梨県、高知県で、2,000円以上は青森県、宮城県、山形県である。料金格差の最も少ない県は大分県で、格差が5倍以上ある県は群馬県、新潟県、静岡県、兵庫県であり、他の道府県でも格差が2～4倍強ある。

給水人口が50万人以上では、水道料金の平均値は1,000円程度であり料金格差も2倍程度であった。給水人口が少なくなるにつれ水道料金平均値は上昇し、かつ料金格差も増大し、給水人口1万人以下となるとさらに水道料金平均値も1,770円に上昇し料金格差も10倍程度に拡大している。

収益性を見る指標として料金回収率がある。料金回収率とは有収水量1m³当たりの費用を示す給水原価に対する有収水量1m³当たりの収益を示す供給単価の割合を表し、事業の経営状況の健全性を示す重要な指標であり、水道事業は水道料金を主な収入源とする独立採算制を基本としているためこの値は100％以上が求められる。100％以下の水道事業体は、水道料金が適正かどうかを確認し水道料金の値上げ、もしくは給水原価の削減に取り組まなければ水道事業の破綻(はたん)が生ずる可能性がある。

給水原価は、取水ダムの有無、原水水質、人口密度、地形等事業環境に大きく影響される。また経費削減のため、本来必要な建設改良事業や修繕を行っていない場合、給水原価は下がるが適正な給水原価とはいえない。このため料金回収率が100％以上でも問題を有することもあるので個々に調査する必要がある。

料金回収率の都道府県別を図2-18に、給水人口区分別を図2-19に示す。

料金回収率平均値が100％を超えている県は、秋田県、東京都、新潟県、長野県、岐阜県、静岡県、和歌山県、徳島県、香川県、高知県、長崎県、熊本県、大分県、宮崎県および鹿児島県の15都県である。また料金回収率平均値が90％に達しない県は、福島県、茨城県、千葉県、山梨県および山口県であったが、どの都道府県でも料金回収率に大きな格差が存在している。

給水人口別では、給水人口100万人以上の事業体で料金回収率が100％以上は

第 2 章　水道事業の現状

図2-18　都道府県別料金回収率

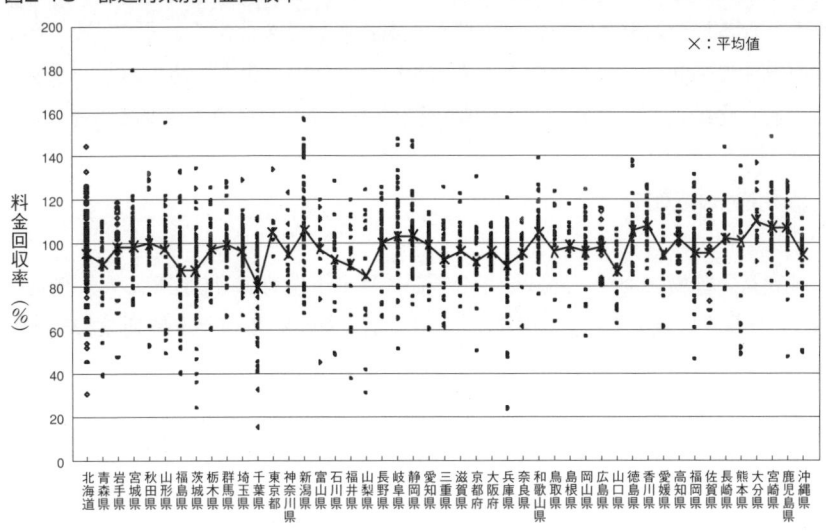

図2-19　給水人口区分別料金回収率

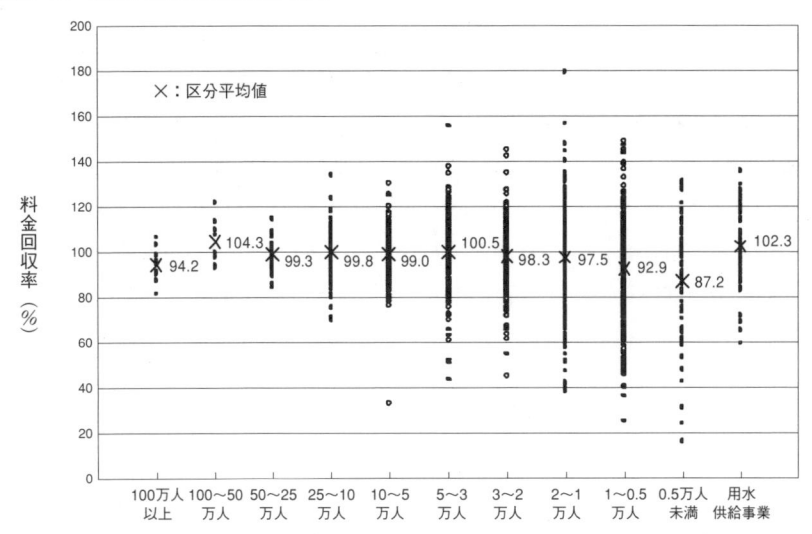

東京都と大阪市のみであった。給水人口100万人未満の事業体では給水人口が少なくなるにつれ料金回収率平均値が下がり変動幅も大きくなっている。料金回収率80％未満は、給水人口5万人以下の事業体が大半を占めており、水道料金の適正化調査を含む見直し、費用の削減等の検討が早急に必要である。

純利益・純損失

　純利益・純損失より、地域格差ならびに事業規模別格差を比較した。すなわち、『地方公営企業年鑑』の損益計算書に示されている当年度純利益、当年度純損失を「繰入金あり純利益・純損失」とする。また、『地方公営企業年鑑』の損益計算書より国庫補助金、都道府県補助金、他会計補助金（繰入金）を除外して損益計算の結果生じた当年度純利益、当年度純損失を「繰入金なし純利益・純損失」とする（補助金や繰入金を含まない収支）。
　図2-20に繰入金「あり・なし」純利益・純損失（全事業全体）を、図2-21に前述の部分詳細を示す。
　繰入金なしの線上にある事業体は、他会計等からの繰入金（補助金を含む）に依存していないことを示し、この繰入金なし線上より下がれば下がるほど補助金や繰入金に大きく依存していることを意味している。水道事業は公営企業であり水道料金を収入源とする独立採算制を採っているため繰入金が少ない方が望ましい。しかし、水資源施設の整備のため国庫補助制度を適用し、地方債を発行して資金調達を行うと、起債の元利償還に地方交付税が交付され、それが一般会計から繰り入れられることから、繰入金がある場合がある。また、消火栓の維持管理経費等のため他会計からの繰り入れを行うことは適正であるが、水道施設の建設・拡張事業以外の修繕・更新事業等に掛かる支出に伴う赤字補填（ほ）のための繰入金は独立採算制の観点から好ましくない。
　図2-21に示すとおり、繰入金ありで黒字でも繰入金なしでは赤字事業体が数多く存在する。また、繰入金ありでも赤字であるが繰入金により赤字幅を減少させている事業体も存在する。特に繰入金の多い事業体および赤字補填的な事業体は、経費を削減するか料金改定もしくは有収率（給水量に対する料金徴収対象水量）向上による有収水量の増加により収益性の向上に努める必要がある。

第 2 章　水道事業の現状

図2-20　繰入金「あり・なし」純利益・純損失（全事業全体）

単位：千円

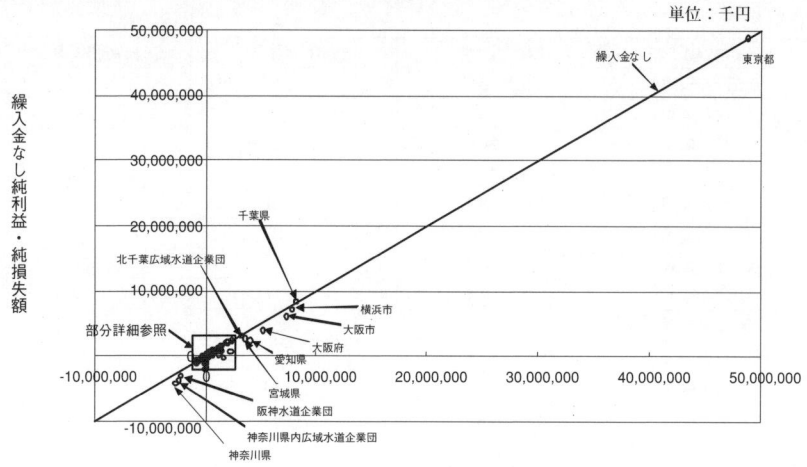

図2-21　繰入金「あり・なし」純利益・純損失（部分詳細）

単位：千円

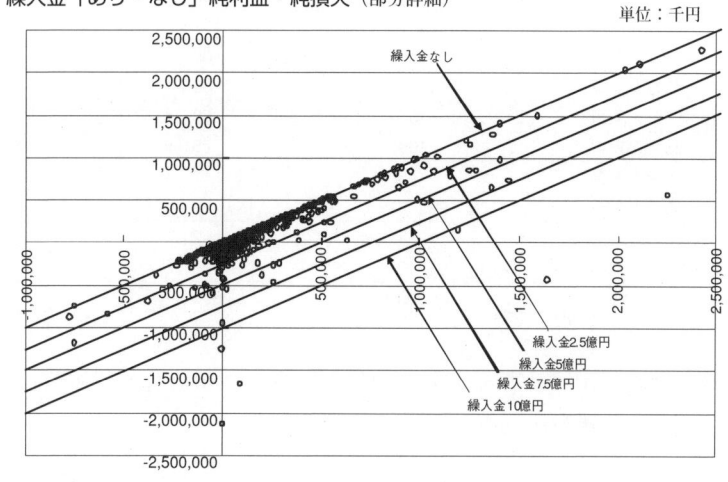

113

表2-11 全国の事業体の経営状況一覧

繰入金あり

給水人口	黒字団体数	赤字団体数	赤字団体割合
0.5万人未満	51	17	25%
1万人未満	232	95	29%
2万人未満	309	95	24%
3万人未満	173	37	18%
5万人未満	185	32	15%
10万人未満	174	37	18%
25万人未満	117	17	13%
50万人未満	50	6	11%
100万人未満	9	0	0%
100万人以上	13	1	7%
用水供給事業	61	11	15%
合　計	1,374	348	20%

繰入金なし

給水人口	黒字団体数	赤字団体数	赤字団体割合
0.5万人未満	31	37	54%
1万人未満	159	168	51%
2万人未満	243	161	40%
3万人未満	130	80	38%
5万人未満	148	69	32%
10万人未満	151	60	28%
25万人未満	109	25	19%
50万人未満	45	11	20%
100万人未満	9	0	0%
100万人以上	12	2	14%
用水供給事業	46	26	36%
合　計	1,083	639	37%

　表2-11に全国の事業体の経営状況一覧、図2-22に給水人口別の補助金なし純利益・純損失事業体数を示す。

　補助金なしでの純損失が生じている事業体は、給水人口が少なくなるにつれ多く存在し、繰入金を含む補助金への依存度が高いことを示している。

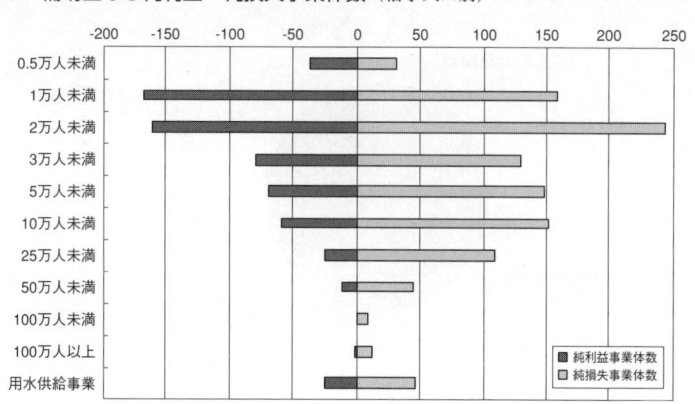

図2-22 補助金なし純利益・純損失事業体数（給水人口別）

凡例：
■ 純利益事業体数
□ 純損失事業体数

事業性評価

　水道事業の支出費目別に総支出に占める割合は図2-23、図2-24に示すとおりである。これまでの施設整備に要した費用である起債償還金と金利の占める割合が高いことが分かる。

　平均すれば資本的支出の60%を占める施設整備に要した費用を除いた事業収支が赤字であれば、運営事業としても成立していないことになる。

　給水事業での当年度純利益・純損失を見るため総収益を給水収益のみとし、総費用を原水および浄水費（受水費を含む）、配水および給水費、業務費、総係費、その他営業費用と建設利息を除く建設改良費を施設整備費として算出し、給水人口別を表2-12に示す。

給水純利益・純損失＝給水総収益－給水総費用
　給水総収益＝給水収益
　給水総費用＝営業費用（原水および浄水費〈受水費含む〉＋配水および給水費＋業務費＋総係費＋その他営業費用）＋建設利息除く建設改良費
　　注）減価償却費は当年度実際費用発生していないため費用から除外した。

図2-23 収益的支出に占める各費目の割合（全国平均）

支出費目割合（収益的収支）

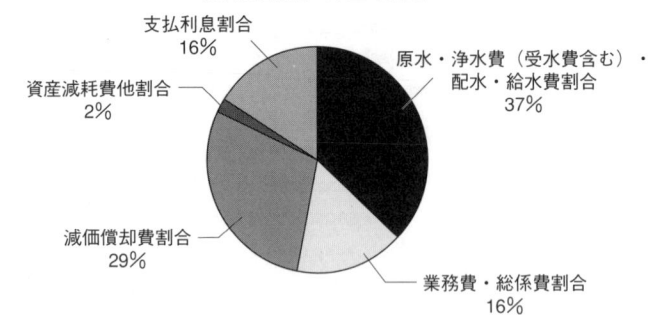

- 支払利息割合 16%
- 資産減耗費他割合 2%
- 減価償却費割合 29%
- 原水・浄水費（受水費含む）・配水・給水費割合 37%
- 業務費・総係費割合 16%

図2-24 資本的支出に占める各費目の割合（全国平均）

支出費目割合（資本的収支）

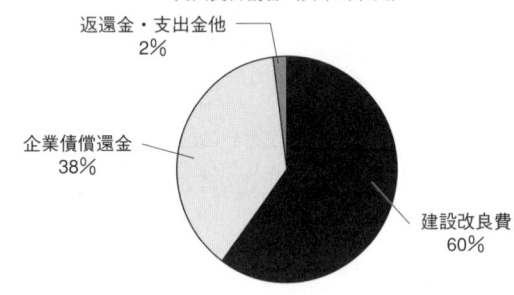

- 返還金・支出金他 2%
- 企業債償還金 38%
- 建設改良費 60%

表2-12 給水純利益・純損失事業体数（給水人口別）

給水人口	黒字事業体数	赤字事業体数	赤字事業体割合
0.5万人未満	36	32	47%
1万人未満	183	144	44%
2万人未満	229	175	43%
3万人未満	114	96	46%
5万人未満	116	101	47%
10万人未満	133	78	37%
25万人未満	89	45	34%
50万人未満	43	13	23%
100万人未満	7	2	22%
100万人以上	9	5	36%
用水供給事業	58	14	19%
合　計	1,017	705	41%

第2章 水道事業の現状

　建設改良費を含めた給水事業損益計算では、全国水道事業体の41%を占める705事業体が赤字となっている。さらに、総費用に対する総収益比が100%以上でも収益の若干の減少により赤字となる可能性もあることから、この比率の境界線を105%とすると全体の48%である835事業体が何らかの対応がなければ水道事業存続の危険性をはらんでいる。特に給水人口5万人未満の事業体は、**表2-12**に示すとおり半数近くが赤字事業体であり、広域化を含めた水道事業の見直しが急務である。

水使用量の減少

　水道事業を支える運営財源は水道料金収入である。わが国の水道普及率は97.1%（平成16年度）に達し国民皆水道がほぼ達成された現在、水道事業は、今後、わが国の人口の動向および利用者の水利用実態に大きく左右される状況にある。
　わが国において人口減少が大きな関心を集める契機となったのは、平成9年1月に国立社会保障・人口問題研究所が発表した将来推計人口である。平成14年1月、最新の将来推計人口が発表され、日本の総人口は平成18年に1億2,774

図2-25　上水道事業の1日最大給水量および1日平均給水量の推移

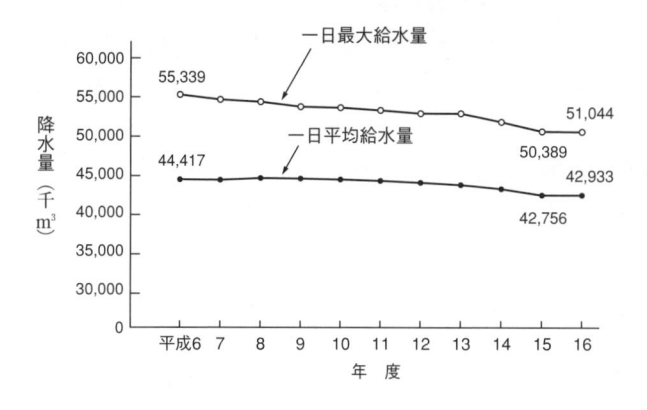

降水量（千m³）

一日最大給水量：55,339（平成6）→ 51,044（16）、途中 50,389
一日平均給水量：44,417（平成6）→ 42,933（16）、途中 42,756

（水道協会雑誌「平成16年度水道統計の経年分析第75巻第8号」
日本水道協会水道統計編纂専門委員会より）

万人でピークに達した後、減少に転じると予測されている。

　生活用水の使用量は、水道施設の整備が推進された高度経済成長期を通じて増加傾向にあったが、近年は漸減傾向に転じている。特に、平成6年度からの給水実績を見ると、図2-25に示すように、一日最大給水量はおおむね減少傾向にあり、一日平均給水量も漸減傾向にある。これら給水量の減少の要因としては、渇水などもあるが、節水意識の浸透やボトルウオーターの購買など利用者の水利用実体の変化も少なからず影響していると考えられる。

　これら人口減少、使用量の減少は水道事業の運営財源である水道料金収入の減少に直結する問題であり、今後、水道事業体はますます厳しい経営環境の下で事業運営を担っていく状況にある。

人事管理

　水道施設の中断することのない運転および、たゆまぬ維持管理によって安心・安全な水道水が供給されている。運転や維持管理を担っている水道職員に関する業務指標を図2-26に示す。

　技術職員率は、全職員に対する技術職員の割合である。5万人未満の事業と、5万人以上の事業とでは度数分布の形状がまったく異なっている。

　5万人以上の事業はほぼ左右対称であり、約9割の事業が20〜75％に入っている。一方、5万人未満の事業では左端のランクである5％以下が最も多く350カ所であり、全体1,499カ所の4分の1弱の事業で技術職員が極端に少ない。5％以下を除いてみると45〜50％のランクにピークがあるが、分布の形状は左右対称ではなく45％よりも低い事業が多い。

　なお、5万人未満の事業、5万人以上の事業のいずれも、10％台から80％台と広い範囲に分布していることの一因として、委託の有無による差異があるものと推測される。

　水道事業経験年数度は、全職員に対する水道業務経験年数の加重平均値である。この指標も、5万人未満の事業と、5万人以上の事業とでは度数分布の形状が大きく異なっている。すなわち、5万人以上の事業は分布の右側の22〜24年／人のランクが最も多いが、5万人未満の事業では分布の左端に近い2〜4

第2章 水道事業の現状

図2-26 上水道事業体職員の年齢構成

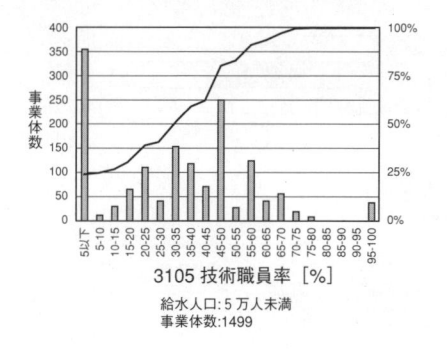

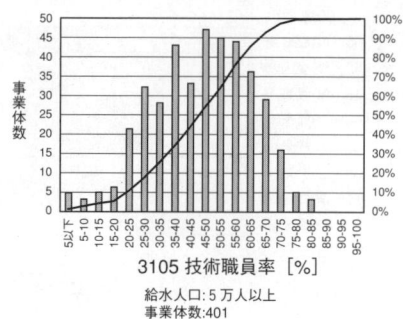

$$技術職員率（％）＝\frac{（技術職）員総数〈人〉}{全職員数〈人〉}$$

$$水道事業経験年数度（年／人）＝\frac{全職員の水道業務経験年数〈年〉}{全職員数〈人〉}$$

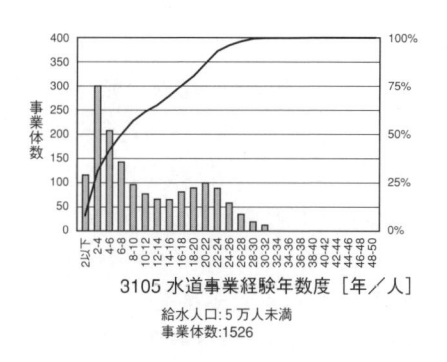

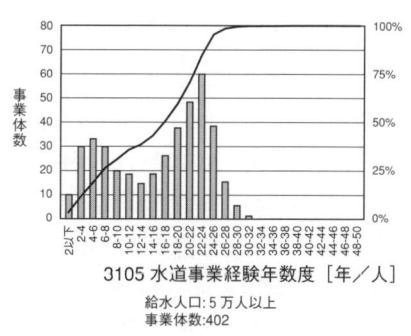

年／人のランクが最も多くなっている。

　累積度数曲線を見ると度数50％となるランクは、5万人未満の事業は6～8年／人のランクであり、5万人以上の事業は16～18年／人のランクである。

　5万人未満の事業では経験年数が少ない職員が多く、管理レベルの向上が課題である。水道技術管理者などは一定の経験年数が資格要件であり、一般部局との人事ローテーションの中での経験ある職員の確保が課題である。

　「2007年問題」は、水道事業においても不可避の問題として顕在しており、

図2-27 水道事業体の職員の年齢構成

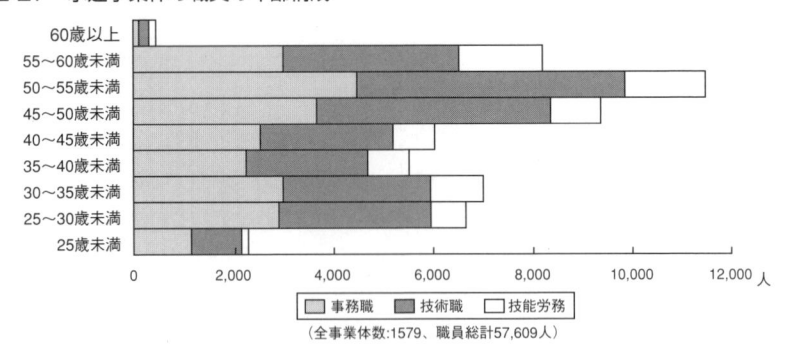

60歳以上
55〜60歳未満
50〜55歳未満
45〜50歳未満
40〜45歳未満
35〜40歳未満
30〜35歳未満
25〜30歳未満
25歳未満

凡例：事務職　技術職　技能労務
（全事業体数：1579、職員総計57,609人）

　いわゆる団塊世代の大量退職に伴うさまざまな影響が懸念されている。

　水道事業体職員の年齢構成を図2-27に示す。現在、水道事業に従事する職員は6万人近くに上る。このうち、45歳以上の職員が51％と過半数を占めている。25歳未満の職員が2,000人強と最も少ないのに対し、50歳から55歳の職員は1万2,000人弱と最も多い。適用技術が高度化していく中、次代を担う若年層が薄い一方で、経験豊かな職員が短期間に大量退職していくという現象がこの年齢構造からうかがえる。この現象は、水道事業体の今後の事業実施能力および事業の持続性に大きな影を落としている。

　まず、技術の継承問題が挙げられる。現在の高い水準の水道事業を築き上げ、維持してきたさまざまな技術を保有する熟練の職員は近10年に退職していく状況にある。この貴重な技術の継承先である若年層に属する職員数は少数であり、継承する時間も限られているため、蓄積された技術の喪失が懸念される。

　また、50歳以上の職員数が近10年内に退職する一方、若年層の雇用が抑制されると、水道事業体職員数全体が減少することになり、水道事業体の事業実施能力を補填する対応策が喫緊の課題になるものと考えられる。若年層の雇用の抑制は、将来、雇用を抑制した世代が空洞化することにつながり、事業の中核を担う人材が不足する状況が懸念される。

　このように団塊世代の大量退職は、これまで築き上げられた事業体の事業運営能力に長期にわたり深刻な影響を与え得るものと危惧(きぐ)されている。

2．水道事業体の経営改善

　水道サービスの水準を維持・向上するためには、計画性のある水道経営が不可欠となる。ここでいう「計画性のある」とは、主に時間的変化の視点を十分考慮したものである。

経営的側面に軸足を

　水道事業における支出は、主に施設整備・更新、維持管理および起債償還に掛かる費用で構成され、収入はほとんどが料金収益である。この投資（支出）と回収（収入）のバランスのかじ取りが課題となる。民間企業であれば、投資に見合う回収が期待できないと経済合理性において許されないのである。水道事業は公共財としての公益性確保という側面に軸足を移して、建設と拡張事業を継続することによって高普及率を達成するとともに、水道料金収入増もあって、経営の破綻という危機的な事態は経験してこなかった。しかし、国民皆水道の社会を実現し、これまで以上の水道料金収入が期待できるような拡張事業が存在しないならば、経営的側面に軸足を移行させるべきである。
　人口減少時代の到来の入口に立つ中、水道料金収入の拡大に対しては、水道飲料水需要の低迷改善、広域化等による効率的な水運用および現行の水道料金制度の見直しによる対応が挙げられる。百貨店に例えると、商品の質的変化、在庫量の抑制、会員制導入のようなことになり、このうち最も重要なのは、「いかにして商品を買っていただくか」という視点である。商品を買ってもらうには、購買ニーズを察知し、購買意欲を喚起する商品を提供し続けることが必要となる。水道事業に戻ってみると、需要家の要求レベルはさまざまであり、地域間格差もあることからすれば、水需要の維持・向上の余地はあると考える。これまで以上に需要家のニーズに耳を傾け、きめ細かなサービスを提供することが必要となるだろうし、そのためには、民間のノウハウを活用でき得る領域でもあると考える。

資産運用管理手法の確立を

　一方、支出の抑制についてはどうだろうか。経営効率化の視点から見た費用の抑制には、さまざまな方策が考えられる。まずは、保有資産の長寿命化であろう。保有資産である管路や浄水場といった既存施設を長期間維持・活用することは、大規模投資を抑制し、金利負担抑制や減価償却費低減につながり、大きな支出抑制効果が期待できる。そのためには、水道施設の資産運用管理手法（アセットマネジメントシステム）の確立が急務である。

　わが国では一般に水道事業の事業単位規模が小さく、効率化のメリット・民営化のメリットが見えづらいことも事実である。むしろ、各小規模事業を統合・広域化することに効率化の実現を期待することが現実的なシナリオではなかろうか。民営化は効率化の推進力として有効な手法であると期待できるが、広域化の動きと組み合わせられなければ、民営化の推進力は弱いままであろう。

　民間企業の持つ創意工夫・ノウハウを活用する余地は、これまで述べてきた中にでも随所に内在しているものと考える。「民活の余地あり、いかに導入するか？」である。いかなる民活手法であっても、不適切な導入では意味がない。各手法の特質や適用の範囲を理解し、対象となる事業の特性をかんがみ適切に導入する必要がある。いわば、「事業手法の最適化」である。個別の特徴に合致した独自の最適化こそが、水道事業の経営効率化という課題に対する一つの方策であると考える。さらに、最適化に当たっては、官民のパートナーシップの形成が不可欠であり、双方の役割分担を明確化し、お互いが信頼し尊重することによって多様化する時代を乗り越えなければならないと考える。

より柔軟な事業手法を模索

　21世紀は、まさに「ひと」の時代である。最適化によってもたらされる成果は、受益者への利益につながっていくことは明らかである。水道事業の本来あるべきサービス目的は、水道法第1条の規定に帰結する。これを担う者（有形・無形含むすべての人格）は、効率的・効果的に目的を達成できうる者であ

第 2 章 水道事業の現状

表2-13 浄水施設の運転・維持管理の委託状況

計画給水人口	回答事業体数	委託の状況（％）			
		全面委託	一部委託	直営	無回答
5,000人以下	98	10.2	22.4	55.1	13.3
5,001～10,000人	147	3.4	26.5	61.9	8.2
10,001～50,000人	377	5.8	39.5	43.8	12.2
50,001～100,000人	129	4.7	48.8	29.5	18.6
100,001～500,000人	154	3.9	48.7	36.4	12.3
500,001人以上	33	0.0	75.8	24.2	6.1
計	938	5.5	39.9	43.5	12.5

注1 回答事業体数の計欄は、アンケート回答事業体の全体数を示しており、アンケート回答において計画給水人口総数未記の事業体数も含まれる。
注2 委託状況（％）は、各計画給水人口ベースの回答事業体数における割合を示している。

（北海道大学、パシフィックコンサルタンツ、時事通信社によるアンケート調査より作成）

図2-28 浄水施設の運転・維持管理業務の委託の動向

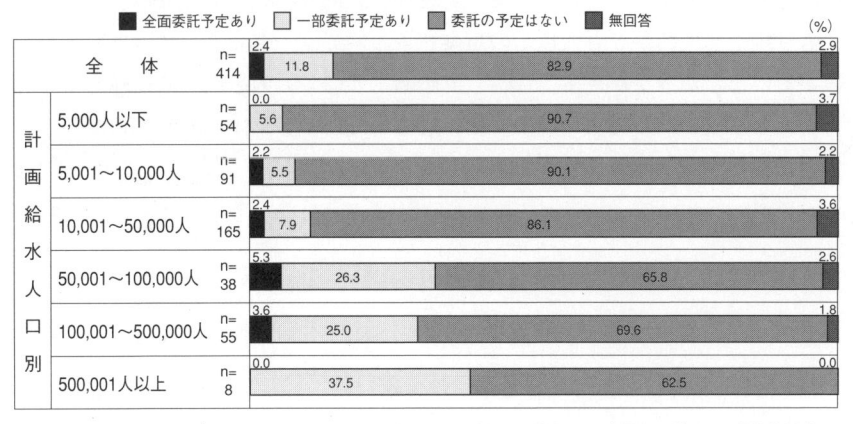

■ 全面委託予定あり　□ 一部委託予定あり　■ 委託の予定はない　■ 無回答　（％）

区分	n=	全面委託予定あり	一部委託予定あり	委託の予定はない	無回答
全体	414	2.4	11.8	82.9	2.9
5,000人以下	54	0.0	5.6	90.7	3.7
5,001～10,000人	91	2.2	5.5	90.1	2.2
10,001～50,000人	165	2.4	7.9	86.1	3.6
50,001～100,000人	38	5.3	26.3	65.8	2.6
100,001～500,000人	55	3.6	25.0	69.6	1.8
500,001人以上	8	0.0	37.5	62.5	0.0

注 n＝の数値は、表2－13において示した委託状況の設問に対して、直営と回答した事業体数を示している。

（北海道大学、パシフィックコンサルタンツ、時事通信社によるアンケート調査より作成）

ればよい。その者には、公共と民間の境界（隔たり）などというものは存在せず、ただ単に目的達成の下に存在すべき者であれば足る。

　平成11年9月のPFI（Private Finance Initiative）法の施行を端緒に、平成14年水道法改正（第三者委託の制度化）、平成15年「公の施設の管理」に関する制度改正（指定管理者制度）、平成16年地方独立行政法人法の施行など、さまざまな制度改正が進み、水道事業においては、より柔軟な事業手法が取れるようになった。

　従来、水道事業体が外部委託する業務は、水道メーター検針業務、水質検査業務など定型的な業務や民間の専門知識・技術が必要なものに限られていた。近年の制度改正を受けて、これら定型的な業務から浄水場の運転管理など水道事業の中核的な業務まで外部へ委託する事業体が増えつつある。

　浄水施設の運転・維持管理の委託状況を表2-13、図2-28に例示する。水道事業における中核的な施設である浄水施設の運転・維持管理業務についてもすでに約45％の事業体が何らかの形で委託を行っている。事業規模が大きくなるに従って委託が進んでいる状況である。現在、直営で実施している事業体についても計画給水人口が5万人以上の事業体においては、委託を検討している事業体が多いことがうかがえる。今後、計画給水人口5万人を境界に積極的に委託を促進し、差し迫る経営環境の変化に適応していく事業体と適応できない事業体とに格差が広がる可能性がある。

第3章
水道事業における官民連携

第1節　公共サービスにおける官民連携のあり方

　社会経済活動が発展・増大してきた時代にあっては、増分主義、すなわち、予算も人員も毎年増えることを前提に「増える分」の配分だけを決定することで行財政の運営が可能であった。そこでは、毎年新しく配分する予算や人員のみを決定すればよく、過去の配分の蓄積、すなわちストック部分（既得権部分）について検証する必然性に乏しかった。また、毎年新しく配分する予算や人員の量の判断基準となるのは前年の量であり、どこまでも前年を基準に過去の配分は正しいものとしてその上に積み上げることで国民の利益を最大化しようとするものであった。そこでは、過去も含め配分構造を積極的に見直されることはなかった。

図3-1　増分主義（満足化）と減分主義（最適化）

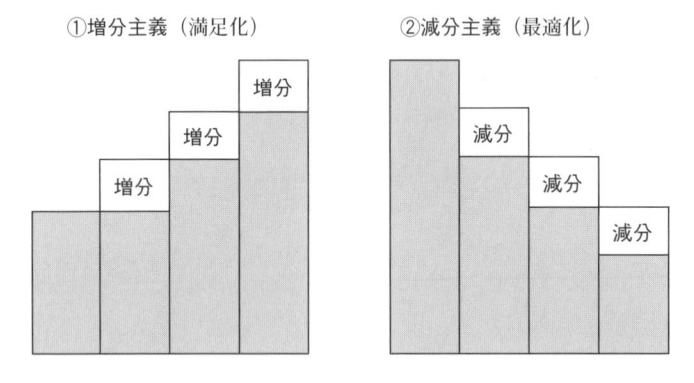

①増分主義（満足化）　　②減分主義（最適化）

1．既得権の見直しを

　少子高齢化社会での社会経済活動は、必然的に投入資源が限定的となり、そこでは、予算規模や人員数の配分を固定化せず積極的に見直すことで、資金や人材の配分を変える必要がある。そのことにより、国民の利益を最大化するという最適化の原理に基づかなければならない。すなわち、当然のことながらステークホルダーの既得権の見直しが必要となってくる。

努力しても報われない実態とは

　最適化を求める意思決定を展開し、行財政のスリム化を実現しただけでは、住民の利益を現実に最大化することは難しい。政治や政府の中の意思決定では、認識されない「見えない非効率」を残しながらスリム化が進行するからである。予算額や人員等を削減しても、既存の意思決定や政府活動のプロセス等に潜む「見えない非効率」を温存し続ければ、行き着く結果は「努力しても報われない実態」となる。例えば予算額を削減しても「見えない非効率」を従来同様温存したとすれば、全体に占める非効率の比率はむしろスリム化後の方が実質的に拡大する。その結果、効率化に努力するほど苦しくなり、改革が住民の利益に結び付かない実態をもたらすのである。こうした実態を克服するには、予算額等の削減とともに「見えない非効率」を掘り起こし排除することが必要となる。その非効率の発掘には、従来と異なる視点が必要となる。それは、民間の視野であり、住民の視野である。すなわち、「見えない非効率」の発掘と克服には、「官」と「民」を明確に区分けする二元論からの脱却が必要となる。二元論からの脱却は、パートナーシップの考え方から整理する必要がある。パートナーシップの基本的考え方は、公共サービスを政府が独占するのではなく、民間企業や住民等でも担える制度とすることにある。一言で言えば、「官」から「民」へだけでなく、「官」と「民」のパートナーシップを形成し、新たな視点・発想から公共サービス、組織のあり方を創造することである。

厚生経済アプローチ

　水道事業等公共事業におけるステークホルダーは、「政府（「官」＝地方自治体）」、「住民」、および「企業」であり、それらの性格をどのように認識するかによって、官民連携のありさまが異なってくる。

「企業」と「住民」を自己利益追求の主体とし、自らの効用を最大化する合理的存在と位置付け、「政府」を公共性や社会全体の純便益を最大化させる行動を唯一担う主体として位置付けることを「厚生経済アプローチ」という。この厚生経済アプローチにあって公共性を担う主体は政府のみであり、それを支える人的資源は公務員であり、資金面は予算制度として担保され、企業や住民は民間として明確に区別される。すなわち「二元化」した制度の下で、政策を考える（二元論的思考）ところに特色がある。

　これに対して「企業」と「住民」が自己利益の最大化を合理的に求めるだけでなく、「政府」も自らの利益を追求する体質を有する「公共選択アプローチ」がある。すなわち、公共選択アプローチにおいては「政府」、「企業」、「住民」はそれぞれが利益の最大化を求めるという意味で、「官」と「民」は明確に区分されない、同質（一元化）であるということになる。そこでの関係は契約あるいはコンセンサス（合意）によって形成される（一元論的思考）ということになる。

2．官と民とがともに考えともに行動する

　官民連携という言葉は、新しいものではない。日本では1980年代の中曽根内閣時代に取り組まれた「第三セクター」方式もパートナーシップの一形態である。しかし、第三セクターの事業は観光施設、工業団地や住宅開発等事業などの領域（いわゆる「価値財」といわれる官民両方で供給可能な領域）、すなわち、「官」と「民」の中間領域を主な対象としてきた。加えて、「官」と「民」の協働において、明確に「官」と「民」を区別し、相互の「共通の言葉」や「評価軸・責任分担の共有」など十分なガバナンスを形成しないまま展開した。そのため運営面でも多くの問題を発生させてきた。すなわち、厚生経済アプローチに基づく二元論としての社会経済制度の中で形成されたパートナーシップであることから、官民関係の本質に変化はなく、「官は指示する人、民は作業する人」の区分の上でガバナンス構造が形成された。そのため、事業展開の必然性や責任に対して、必ずしも明確かつ十分な体制が形成できず、「官」と「民」の悪い点が結合する結果となったことなどによって、良好な結果が上がっている例は非常に少ない。

単純な民営化論ではない

　これに対して今日のＰＰＰ（Public Private Pertnarship）におけるパートナーシップは、「官」の領域そのもの、公共サービスそのものを「共通の言葉」で語り、協働する仕組みである。これまでのパートナーシップが、「官は指示する人、民は作業する人」の理念系の中で形成されてきたのに対して、ＰＰＰにおける「パートナーシップ」は、「官と民とがともに考えともに行動すること」を本質としている。ともに考え、ともに行動するためには、「官」と「民」が共通の言語で語り合い、水平的な信頼関係を形成し、ともに役割と責任分担を明確にする枠組みづくりが不可欠となる。

　ＰＰＰの考え方の基本としては、第一に、公共サービスの提供は「官」に独

占されるべきではなく、住民や企業も公共サービスを提供する主体として認識すべきであること、第二に、公共サービスの単純な民営化論ではないこと、第三は、公共サービスの質的改善に対するコーディネート機能、モニタリング機能の強化が今後の「官」の大きな課題となること、などが挙げられている。
「公共サービスの提供は政府に独占されるべきではなく、住民や企業も公共サービスを提供する主体として認識すべきであること」の考え方は、公共サービス提供の主体と提供形態の多様化を意味している。厚生経済アプローチによれば、公共サービスは「官」が提供する、あるいは、「官」が担うべきであるという独占論的考え方に基づき、住民や企業は公共サービスを受ける主体と考えられていた。しかし、公共選択アプローチによるＰＰＰではこうした考え方を修正し、「官」のみが公共サービスを提供するのではなく、企業や住民もその役割を担うことが可能であると考えるのである。

水道事業を含めて公共サービスにおけるＰＰＰ事業について、次の要素が重要であると認識しておかなければならない。

①目的の明確化

第一は、ＰＰＰによって実現すべき目的を明確化することである。ＰＰＰを通じて生み出すことができる成果を具体的に示す必要がある。ＰＰＰの目的を定量的に把握できる内容で規定され、最適なＰＰＰのモデルの選択や分析を可能にし、資金調達やリスク管理の判断と準備を適切かつ容易にできるようにしておかなければならない。例えば、リスク管理は当該リスクに対して最も効率的かつ適切に対応できる主体に委ねるべきである。より多くのリスクを民間に移転すればより多くのリターンを民間は求めることになり、官側の公共サービスに掛かるコストを確実に拡大させる。リスク移転と民間へのリターンのバランスを判断する基準となるのは、具体的かつ定量的な目標を官民が共有することである。ＰＰＰの実行過程だけでなく、事後的評価、モニタリング機能の充実のためにも目的を具体的に定めることが必要となる。

②リスクの分散化

第二は、基本的リスクの把握である。ＰＰＰ事業のモデルを選択することは、基本的リスクを把握しリスクをいかに配分し組み立てるかの問題でもある。第一の目的の具体化、そしてモニタリングが成果を生むためにも、基本的リスク

を可能な限り把握することが必要となる。基本的リスクとしては、①ＰＰＰモデルに対する支配権、マネジメント権の安定性、②資金調達コストの変動、③需要予測の変動、④モデル設計や納期に関する安定性、⑤技術の不適切な選択、⑥資産価値の変動、⑦雇用情勢、雇用慣行の変動、⑧不可抗力、⑨民間の破綻、消滅、機能不全、⑩物価等経済情勢の変動等が挙げられる。

③構成要素の選択

第三は、ＰＰＰに組み込む構成要素の選択である。サービス提供のどの部分を民間に委ねるかは難しい問題であり、ＰＰＰが対象とする事業の内容によっても異なる判断が必要となる。しかし、判断のための共通の要素としては、①ＰＰＰのモデル設計と実施に関して民間が公的部門に比べてどれだけ多くの効率性と改善に関する影響力を有しているか、②資本コストだけでなくライフサイクルコストの削減に民間がどの程度寄与できるか、③モデルの設計に必要となる資源を適切かつ敏速に調達・供給できるのは民間か公的部門か、④施設やモデルに対する実質的な所有は、民間と公的部門でどちらのメリットが大きいか、⑤マーケティングの効果はだれがいちばん引き出せるかなどである。こうした構成要素は、個々の要素ごとに最適な提供主体を選択することが必要であり、その異なる最適な提供主体がいかに協働するかが重要となる。

④斬新性と質的向上

第四は、ＰＰＰを展開する財務体質の改善である。「官」が従来提供していたサービスに掛かるコストを明確にし、ＰＰＰで実施した場合と比較することが必要となる。その比較とは、単にコストの多寡だけではなく、ＰＰＰ参加者の提案が斬新であり、サービスの質が大きく改善されるか否かの視点も含まれる。特に、ＰＰＰモデルによる提供コストが公的部門による従来のコストより高くなる場合、サービス改善の斬新制とサービスの質的向上が重要となる。

公共サービスをＰＰＰによって実施しようとする場合、ＰＰＰにはさまざまな形態（次節「水道事業における官民連携手法の導入」参照）がある。その際、どの形態を選定するかは、①ＰＰＰを実現可能とするための技術的水準、②ＰＰＰを実現するための資金評価、③契約形態の設計、④入札過程の設計、⑤監視・改善等の設計などがポイントとなる。

当事者間で問題意識を共有化

　第一のPPPを実現可能とするための技術的水準の設計においては、（イ）いかなる民間部門がPPPモデルの目標とする技術水準を提供できるか、（ロ）いかなる民間部門が従来の技術に改善を加え、あるいは新技術を導入しPPPモデルの質に向上をもたらすことができるか、（ハ）いかなる入札プロセスを選択すれば、民間部門の持つ技術を最も適切に引き出すことができるか、（ニ）入札評価と監視において必要となる技術水準は何か、（ホ）サービス提供の改良、緊急時対応に必要なプロセス、などが考慮されるべき事項となる。

　第二のPPPを実現するための資金評価においては「リスク評価」「資金査定」「社会的査定」の三つが重要な要素となる。リスク評価についてはすでに記したが、「資金査定」で重要なことは、民間資金がPPPモデルに参画することで公的部門が実施していた従来のモデル体質を大きく変える要素となることを認識することである。具体的には、民間部門と公的部門では、資金査定に対する関心事が異なり、特に①「資金調達の実現可能性」、②「収益の分配」「リスク評価」において違いが存在することの明確化である。

　①「資金調達の実現可能性」では、基本的財務分析から生み出される情報をベースに評価され、金融機関あるいは投資家から資金調達の実現可能性について実証できる内容でなければならない。特に、PPPによるプロジェクト期間を通じた元利返済の確保と長期プロジェクトが生み出すリスクに見合ったリターンが確保できること、将来の不確実性を認識しながら、長期負債、固定金利の最大化と借り換えリスクの最小化等を踏まえ異なる資金源をいかにパッケージ化するかを考えることが重要となる。

　②「収益の分配」では、PPPモデルがいつの時点からどの程度のキャッシュフローを生み出すかを判断することにポイントがある。PPPモデルが参加する民間部門の財務基盤の規模、能力を大きく上回る場合、モデル遂行に必要なキャッシュフローが発生する前に、モデル全体の維持が困難となる場合がある。また、収益分配に関する評価は、PPPモデルの立ち上げから終了に至るまで一貫して実施しなければならない。収益分配等資金査定は民間部門が中心

となって担う機能である。しかし、早期に問題点を認識し、公的部門と協議する体制を確立させておくことは極めて重要である。なお、「社会的査定」とは、ＰＰＰモデルから生み出される便益がいかなる領域に配分されるかについて検証することである。ＰＰＰモデルが公共サービスとして展開される以上、サービス提供に関する公共性の側面からの評価は不可欠となる。公共の利益の最大化や向上を妨げるリスクが存在する場合、その認識を明確化することも重要な要素となる。

　第三のＰＰＰの契約は、ＰＰＰに関する全当事者の行動を律するものである。ＰＰＰの契約においては、第一に全当事者の目標を把握しその実現に対して資する内容とすること、第二に当事者の目標とそれに伴う利害の差をＰＰＰ事業全体に照らして調整するため必要となる柔軟性の規程を設けること、第三に契約内容の着実な実施を確保するための管理規定が設けられること、第四に契約には以上の点を盛り込む必要があるものの効果を高めるため多くの内容を簡明に整理した形態を取ること、などが重要となる。ＰＰＰ事業では、公共サービスを提供する事業であることから生じる制約があることを、当事者間で明確に共有することが必要である。

「過程管理と組織化」が重要なファクター

　ＰＰＰ事業の契約設計は、当事者の目標実現とそれに対する最善の供与を可能にすることを課題として取り組まなければならない。その際、契約の管理監視に関する規程は極めて重要となる。ＰＰＰ事業の可否は、事業モデルの形成とともに契約管理がいかに有効に展開できるかによって決定される。契約によって規定された厳格な要件に基づくサービス提供を着実に実施するには、契約に基づくサービス提供の過程管理とその組織化が必要となる。

　契約管理の目的は、サービス供給の質が高い価値を形成することである。このため、最も中心となるのは、業績管理である。業績管理は、契約内容に合わせて業績を評価するものであり、事業者に対する支払い決定、リスク移転の適正性、さらには契約不履行やペナルティを判断する上でも前提となる機能である。ＰＰＰ事業では、サービス提供が長期継続的となることから、ほかの事業

形態に比べて、特に業績管理が重要となる。具体的には、①事業がいかなる業績を上げているか評価分析すること、②サービスの質を維持し改善するためのシステムが効果的に機能していること、③事業者自体で実施されている監視・改善の取り組みが効果的であること、④契約で規定されているサービスが独自の測定方法によって検証されていること、などである。こうした業績管理の視点は、①ＰＰＰ事業を遂行するため資源配分が初期の段階から適切に配置されていること、②効果的・不可逆的なリスク移転を確保すること、③ＰＰＰ事業の改善に対する実験的経験の可能性とその事業に対する反映プロセスの形成を実現すること、などを可能とする。

　継続的に良質な業績管理を実現するためには、①事業管理と並行して契約書に記載された内容が着実に実施されているかチェックする契約管理を実施すること、②当事者全員が契約書に対する詳細な知識を持つように努力すること、が前提となるほか、③当事者間で契約で定めた水準を下回る状況が生じた場合の影響と対処に関する規定、④当事者間で契約で定めた水準を下回る状況が生じた場合のリスク管理に関する規定、⑤技術進歩、規模の変更等状況変化に関するマネジメント規定、⑥継続的に一定水準を下回るサービス提供が続いた場合の対処規定などを設ける必要がある。

第2節　水道事業における官民連携手法の導入

1. 水道事業の効率化と官民連携

　社会活動に不可欠な水道、電力、ガス等はサービス業であり、このサービスは私的なサービスと公的なサービスとに分けられる。私的なサービスのほとんどは民間主体が提供しており、公的なサービスについては、そのごく一部を民間主体が提供しているものの、その大半は地方自治体等の公共が提供している。本来、私的なサービスとして提供されるべきところを公共が行っているところは、「民間でできるところは民間に」ということで民間が担うことになるべきであり、水道事業であっても公共が関与しつつ民間主体が担っていく範囲は広がるというのが、今後の公共サービス事業のあり方であろう。

　すなわち、公共サービスに民間主体が活用され市場原理が導入されることによって、民間主体のもつ専門性や、機動性等の知的な特性が発揮され、経済的な効率の高いサービスが提供されるものと期待できる。一方で、公共が独占している分野に、民間主体が参入することにより新しいビジネスが展開できる、経済活動の活性化も期待できよう。

図3-2 公共サービスの民間関与の形態

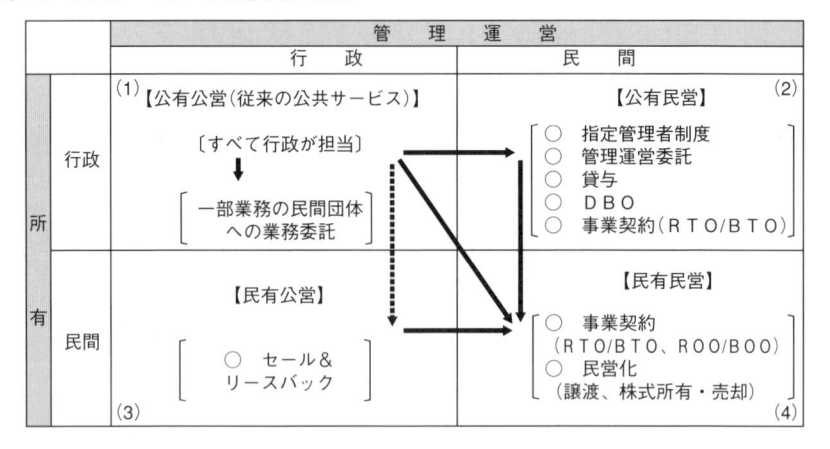

		管 理 運 営	
		行　政	民　間
所有	行政	(1)【公有公営(従来の公共サービス)】 〔すべて行政が担当〕 ↓ [一部業務の民間団体への業務委託]	(2)【公有民営】 [○ 指定管理者制度 ○ 管理運営委託 ○ 貸与 ○ DBO ○ 事業契約(RTO/BTO)]
	民間	【民有公営】 [○ セール&リースバック] (3)	【民有民営】 [○ 事業契約 　(RTO/BTO、ROO/BOO) ○ 民営化 　(譲渡、株式所有・売却)] (4)

ガバナンスはどこにあるか

　公共サービスに供する施設・設備を所有しているのが公共か、民間かを縦軸に、同様にその管理運営についても両者の関与程度を横軸にとって示すと、図3-2のようになる。

　水道事業等多くの公共サービスは、左上の（1）で、施設の所有も管理運営も公共が担って行われている。今後の民間関与のあり方としては、まず管理運営の一部、例えば水道事業での検針業務や、施設の警備等ごく一部の管理運営業務を民間主体に委ねることがある。次いで（2）の方向、すなわち施設は引き続き公共が所有するが、管理運営を民間主体に委ねるという方式がある。例えば、指定管理者制度の導入であったり、管理運営の委託であったり、施設を民間に貸与し管理運営を委ねたりするさまざまな方式がある。

　第三の方向としては、（3）に示すように施設の所有を民間主体に移す一方で、その管理運営は引き続き公共が担う方式である。具体的には「セール＆リースバック」と呼ばれ、公共が所有する施設を民間主体に売却し、その施設の所有権を民間主体に移した上で、それを公共がリースバックする、すなわち、公共が民間主体から借りて、その施設の管理運営を行うという方式である。

第3章　水道事業における官民連携

　さらに第四の方向、（4）に示すように、施設の所有も管理運営も民間主体に委ねる「民有民営」という方式であり、公共と民間主体との間で事業契約を締結しＰＦＩ（Private Finance Initiative）的に行う方式や、施設を民間主体に譲渡し管理運営も民間主体に市場原理の下で自由に行う「民営化」といった方法がある。
　すなわち、水道事業等公共事業の民間関与・民間化といっても、まさに多様な方式がある。施設の所有や管理運営に加えて、そのサービスの質に関して公共、特に規制的な枠組みを公共が維持し続けるか、あるいは、民間が市場原理の下で自由に行うことになるのかという観点からもその実施方式が異なってくる。すなわち、公共サービスにおけるガバナンスがどこにあるかによってである。

民間関与・民間化の意義

　水道事業は、これまで地方自治体が地域独占の公共事業として営んできている。この水道事業の実情については、前章までに記してきたが、人口減少に伴う給水量の低下、水道水の水質基準の強化等による安全・安心な水道水供給義務の高度化、耐震性の低い施設が多いこと、経年化した施設の増加あるいは2007年問題による水道事業従事者の減少と技術の伝承等まさに多様な問題を抱えている。さらに、水道事業を担っている地方自治体の財政悪化に伴う水道事業への一般会計からの繰入制度あるいは簡易水道事業等への国庫補助制度の見直し等水道施設の建設・改良に伴う資金確保環境も厳しくなるものと考えられる。こうした環境条件にあっても、国民の日常生活に支障が生じないように、健全な社会活動を支える水道事業の持続性を確保するためには、水道事業体の統合による広域化によって規模の拡大による経済的な効率化を図ることばかりでなく、民間との連携により、水道事業のビジネスモデルを転換する手法も考慮されるべきである。
　厚生労働省では平成2年より石綿セメント管更新に関する補助制度を創設し、耐震性が非常に低く、経年による材質劣化が著しいため漏水事故が多発している石綿セメント管の更新を推進してきた。その結果、約90,000kmあった石綿セ

メント管が平成16年度末で約16,000kmまで減少してきた。しかし、石綿セメント管が全管長の10％を超える水道事業体が多く存在しており、それらの更新が進められない理由として財源不足を挙げている。

　この残存する石綿セメント管を更新するには約4,000億円を要するものと推定される。平成19年度の石綿セメント管更新事業に関する補助要項や予算額からして、この補助事業の見直しがなされる平成24年度までに、石綿セメント管の更新が終了するとは考えられない。このような場合、2～3年の間に更新をするとして起債を立てて更新事業を短期間で終了させることも可能であるが、この起債の償還時に償還費用が短期間に集中して、財政状態を悪化させることになる。すなわち、短期間の更新は実質的に不可能と言わざるを得ない。このような場合、民間主体が市場の金融機関から資金を調達して短期間に更新事業を行い、その後、10～20年の長期にかけて返済することによって、財政負担を平準化するという方式を採用することが考えられる。ここに、水道事業における民間関与・民間化の意義が生じるのである。

関与の方式

　水道事業における民間関与・民間化にはさまざまな方式が考えられる。最も

図3-3　業務委託により民間関与

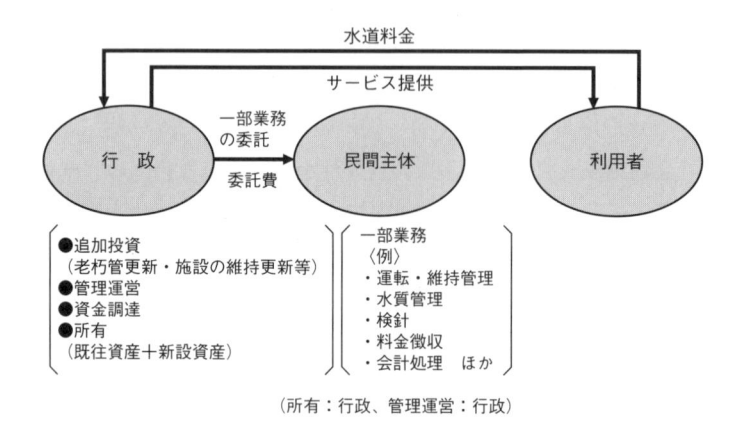

図3-4 事業契約方式による民間関与

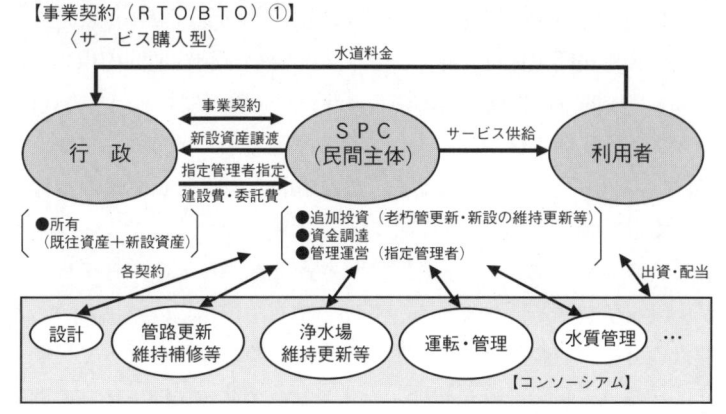

【事業契約（RTO/BTO）①】
〈サービス購入型〉

```
                          水道料金
      ┌─────────────────────────────────────┐
      ↓                                       │
   ┌─────┐   事業契約   ┌─────────┐           │
   │     │ ←─新設資産譲渡→ │  SPC    │ サービス供給  │
   │行 政│   指定管理者指定 │(民間主体)│ ────────→ │利用者│
   │     │   建設費・委託費 │         │           │     │
   └─────┘              └─────────┘           └─────┘
   ●所有              ●追加投資（老朽管更新・新設の維持更新等）
   （既往資産＋新設資産）●資金調達
                      ●管理運営（指定管理者）      出資・配当
      │  各契約        ↓  ↓  ↓  ↓  ↓           ↑
      └──────→┌────┬──────┬──────┬──────┬──────┬──┐
              │設計│管路更新│浄水場 │運転・│水質管理│…│
              │    │維持補修等│維持更新等│管理│      │  │
              └────┴──────┴──────┴──────┴──────┴──┘
                              【コンソーシアム】
```

（所有：行政、管理運営：民間）

単純な方式としては、**図3-3**に示すように、水道事業における施設の所有、施設の更新を含めてその管理運営のすべてを公共が担う中で、水質管理、検針・料金徴収業務等を民間に委託して、その業務に掛かるコストを委託費として業務を請け負う民間主体に支払うという業務委託や水道技術管理者の業務範囲をすべて委託する、いわゆる「包括委託」がこれに相当する。

さらに、公共が施設を所有しつつ管理運営を民間主体に代行させる指定管理者に指定して民間主体が管理運営を行う指定管理者制度を適用する方式がある。この管理運営に掛かるコストは、「指定管理料支払い型」では指定管理料を民間主体に支払い、「利用料金型」では公共はコストを負担しない代わりに、水道料金で賄うこととなる。

公共と民間主体が中・長期的な契約を結び、一定の契約期間は民間主体が契約範囲の事業を行う方式で、これにもさまざまな方式が考えられる。**図3-4**に示す「RTO（Rehabilitate Transfer Operate）／BTO（Build Transfer Operate）」では、施設の管理運営だけではなく、管路の更新や浄水場の整備といった追加的な設備投資とその資金調達も含めて民間主体に委ねるという方式である。この場合でも水道事業にかかる施設の所有、すなわち従来の施設に加えて民間主体が取得した設備、すなわち更新した管路や新設した浄水場なども

公共が保有する。

　従って、施設は公共が、その管理運営は民間主体が行うということになる。そのため、公共と民間主体は10年、15年、20年という契約期間の中で、それに掛かるコストを民間主体に支払っていく「サービス購入型」という方式になる。

　一方、コストは民間主体が利用者から得る水道料金だけですべて賄うという「独立採算型」という方式も存在する。この中間の方式として民間主体が利用者から得る水道料金と公共からの負担の双方で賄うという「ジョイントベンチャー型」という方式もある。「事業契約」方式でも「ＲＴＯ／ＢＴＯ」では民間主体が施設を所有する。すなわち、管路の更新や浄水場の整備といった追加的な設備投資とその資金調達、その施設の所有、管理運営もすべて民間主体が担うことになる。これら「事業契約」方式では、公共と民間主体との間で契約を結び、契約の中で、民間主体が順守すべき水質の基準などが示され、その基準通りに民間主体が管理運営しているかを公共がチェックすることなどが記されており、公共によるガバナンスの確保が可能になる。

「民営化」について

　「事業契約」方式の一つとして、図3-5に示す「ＤＢＯ（Design Build Operate)」方式がある。水道事業にかかる施設の所有は公共、管理運営は民間主体が担うというところまでは上記の方式と同じであるが、管路の更新や浄水場の新設など追加的な設備投資とその資金調達を民間主体ではなく公共が担うというところが異なっている。「ＤＢＯ」は指定管理者方式と類似しているが、施設の追加的な整備を行う民間主体がその事業の開始当初の段階から決定されているところが異なっている。

　民間関与の程度がさらに進んだ方式としては、民営化があり、水道事業を営んでいる地方自治体が民間主体に対し水道事業に関する施設をすべて譲渡し、民間主体に自由に管理運営させる方式で、民間主体は公共に譲渡を受けた対価を金銭で支払うことになる。この対価を金銭で支払う代わりに、地方自治体が民間主体の株を取得し株主になるという、国鉄や電電公社が民営化した方式で、地方自治体は株を市場で売却して対価を得るという方式である。この「民営

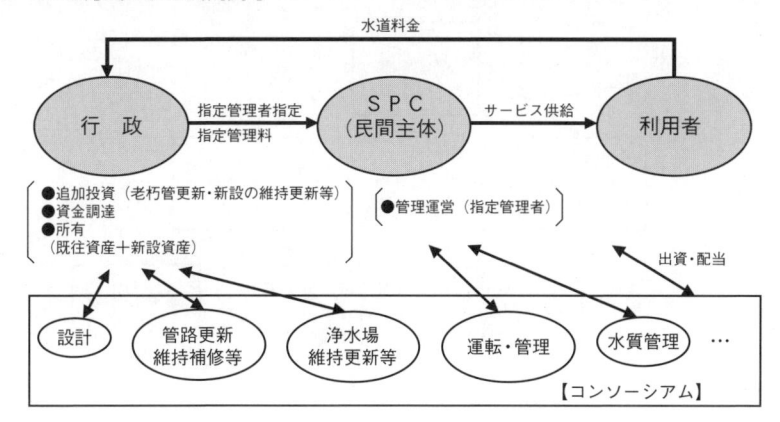

第3章　水道事業における官民連携

図3-5　DBO方式による民間関与

```
                        水道料金
        ┌─────────────────────────────────┐
        │       指定管理者指定              サービス供給   │
      行　政  ───────────→  Ｓ Ｐ Ｃ  ──────────→  利用者
              指定管理料     （民間主体）
●追加投資（老朽管更新・新設の維持更新等）   ●管理運営（指定管理者）
●資金調達                                                   出資・配当
●所有
　（既往資産＋新設資産）
 ┌───────────────────────────────────────────────┐
 │  設計   管路更新   浄水場   運転・管理  水質管理  …   │
 │        維持補修等  維持更新等                         │
 │                                        【コンソーシアム】│
 └───────────────────────────────────────────────┘
```

（所有：行政、管理運営：民間）

化」、すなわち「営業譲渡」や「株式取得・売却」というやり方は、基本的に民間主体に水道サービスの継続・維持とか、水質などの基準を順守させることについて公共が関与することはなくなるのが原則である。しかし、水道事業は社会基盤施設であることから、英国では水道事業の民営化に際して政府内に民間水道事業者の活動を一定範囲で規制する組織を持っている。

　水道事業における民間関与・民営化にはさまざまな方式があることを示した。それぞれの水道事業体の置かれた環境を適確に把握して、**図3-6**に示すように、ライフラインとしての水道事業の持続性を満たすための最適な方策を選択しなければならない。

　そこにおいて検討する際に主要な視点を示すと次のようになる。すなわち、民間関与・民間化のどのような形態であれ、適切な公的関与を残しつつ、事業として安定的に継続することが必要である。また、運営形態を検討する際には、民間化ありきという議論ではなく、まず現状の課題を適切に把握した上で「公営」とさまざまな民間活力活用スキームを並列で検討することが必要である。その際、当該事業の規模、収支状況、歴史的経緯など各事業の実態を十分に踏まえた上で、実現可能な最適な手法を検討・選択することが必要であるが、民間のノウハウ・柔軟性を極力確保できるよう努めるとともに、事業の安定のた

図3-6 水道事業の現状把握に基づく民間関与形態の選択

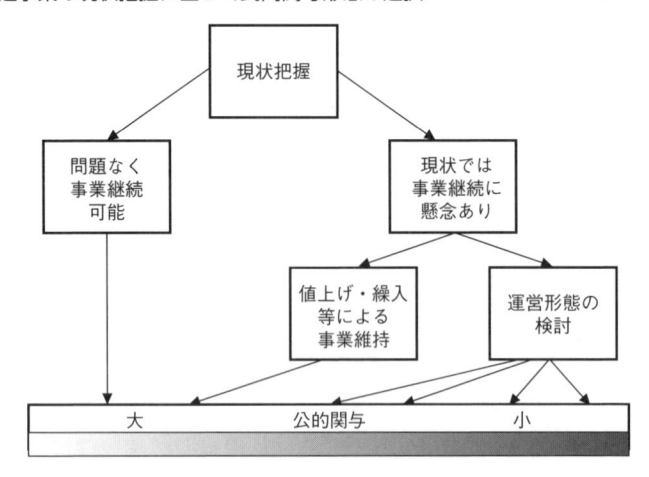

めにも適切な収益機会が与えられることが必要であることは当然である。また、その前提として、官民のリスク分担に関しては十分な協議の上で契約を行う必要があるが、その際でも契約内容の柔軟な（恣意ではなく）見直し可能性を残しておくことも重要である。さらに、官民連携に転換した後も、行政や第三者機関が、継続的にモニタリングを行い、料金設定やサービス水準を含め、事業の適正化を目指すことが必要である。

2．水道事業の官民連携におけるリスク

　地方自治体が水道事業を行っている現状にあっては、地方自治体（首長、議会）、水道事業管理者および市民がステークホルダーである。しかし、水道事業を官民連携で行うとすると、形態によって関与の度合いの軽重は異なるが、民間の水道事業者が新たなステークホルダーとして参画することになる。

　例えば図3-7に示すように、水道事業を民間企業に完全に譲渡するような民間化を想定した場合、地方自治体の水道事業者は売却先の決定方法（一般競争入札、総合評価方式等）に先立ち、民間化について議会や住民の合意を得られるような事業評価を行い、その必然性を説明できるようにしなければならない。

　一方、水道事業に参画しようとする民間事業者は、参画することによって得られるメリットとリスクを民間事業者の立場で評価しなければならない。すなわち、図3-8に示すように、民間事業者の関与の程度によるが、大規模な施設

図3-7　水道事業における官民連携の手続き

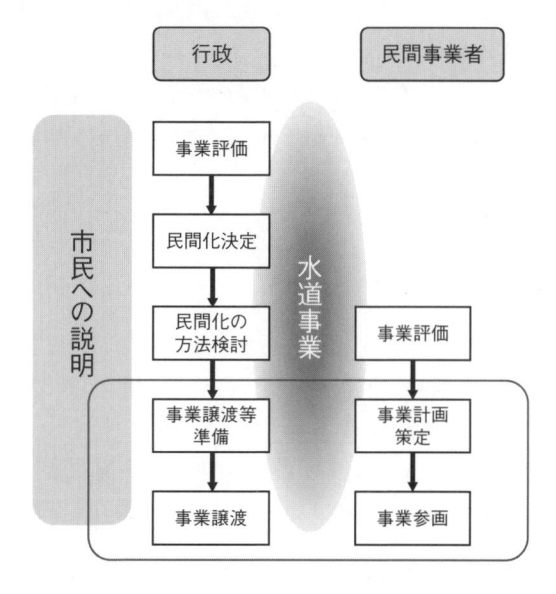

図3-8　DCFによる事業評価の方法

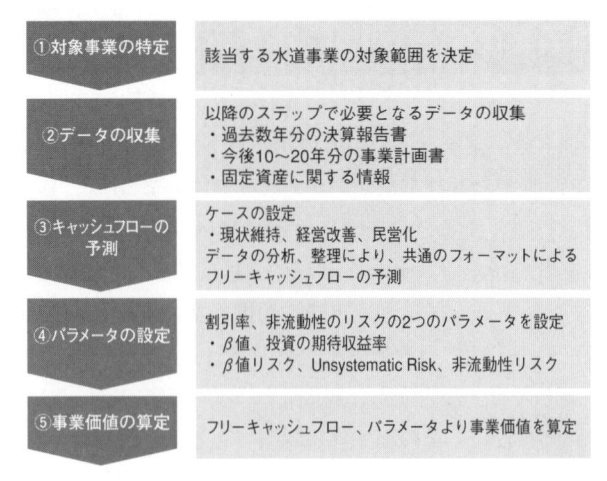

①対象事業の特定	該当する水道事業の対象範囲を決定
②データの収集	以降のステップで必要となるデータの収集 ・過去数年分の決算報告書 ・今後10～20年分の事業計画書 ・固定資産に関する情報
③キャッシュフローの予測	ケースの設定 ・現状維持、経営改善、民営化 データの分析、整理により、共通のフォーマットによるフリーキャッシュフローの予測
④パラメータの設定	割引率、非流動性のリスクの2つのパラメータを設定 ・β値、投資の期待収益率 ・β値リスク、Unsystematic Risk、非流動性リスク
⑤事業価値の算定	フリーキャッシュフロー、パラメータより事業価値を算定

（経済産業省資料「企業価値評価」より作成）

更新を伴う場合には、市場から資金を調達することになり、対象とする水道事業の事業価値を明確にすることが必要になる。同様に現在の事業者である地方自治体も、民間化（あるいは事業の継続）に対する住民の理解を得るために、事業価値の明確化が必要となる。

　地方自治体あるいは民間事業者が水道事業の事業価値を算定する際、まず実態の把握が重要であるため、事業評価を行う視点から留意が必要となるリスクを記すこととする。

財務・会計

　水道事業は公営企業会計のルールにのっとって手続きが踏まれているが、後述するように各事業体で独自の解釈が長年にわたって用いられていることなど、水道事業に特有のリスクがある。

　民間化・民営化も含め、水道事業の実際を把握するためには、何らかの形で事業評価を行うことが必要となるが、その際にこれらのリスクの存在は顕在化するものである。

水道事業は、事業主体がだれであろうと、またどのような経営状況であろうとも、サービスを継続することが求められる。これは短期的にだけでなく、長期的にも同様であり、頻繁な事業主体の交代や、交代に伴う事業形態、料金制度、提供されるサービスの変更は、受益者である住民やその代表者である議会、あるいは住民の権利を守る行政の不利益とみなされる。

　すなわち、事業者はサービスの提供に加え、事業そのものを継続することを期待されており、何らかの形で事業主体が現行の自治体から移行する場合に、一定期間、利用者に過大な負担を掛けずに事業を継続させなければならないといった条件を付帯されるリスクがある。

　水道事業の主たる売り上げである水道料金は水道事業管理者が自由に定めることができない。このため、水道事業者にとっては経営状況に適した料金収入を確保できない可能性や、弾力性をもった料金改定、多様な料金設定等、増収を目的とした営業活動を行えない可能性があるという制約が存在する。さらに、上水道は受益者にとって必要不可欠なサービスであることから、未収料金発生後、直ちに供給を停止することは、国民の生存権の保障の見地から容易に実施できない。水道事業にはこのように、その最大の収入源である料金収入に関するリスクが存在する。

　また水道事業は、多くの業種と異なり、現在のところ、地方自治体以外の事業主体数が多くないこと、サービスの提供に必要な施設等の地域的な制約、地域ごとに管理システムや把握できる情報に制約があることなどから、経営を移転しにくいリスクを有している。民間の事業者の目から見た場合、事業を他社に移管させにくい。このため事業評価を行う際には事業評価を押し下げる非流動性のリスクを高めに見積もる必要が生じる。

　水道事業は、長らく同じ事業主体、具体的には地方自治体の水道担当部局によって継続して運営されていることが多い。そのため事業主体によって、情報の整理の方法や、解釈に違いがある。すなわち新規に事業者が参入する場合に把握できる情報は、現行の事業主体によって異なる可能性がある。加えて、過去に設置された施設や管路の種類、状況が必ずしも正しく把握されているとは限らない。特に現場が管理する工事台帳と、財務部門が管理する資産台帳の内容が一致しない場合、その乖離(かいり)がどの程度の大きさであるかについても重要な

情報ではあるが、把握できる場合は限られる。

　さらに行政が運営する事業体では未収金、売掛金等の処理が、民間企業会計と異なっている場合がある。具体的には、滞納となった使用料金の取り扱いを、未収金とするか、あるいは売掛金とするか、どの時点で回収不能とみなすか等について、統一の規則は見られない。さらに、事業譲渡に際して、これらの未収金を事業譲渡先にどのように引き継ぐかについても、ケース・バイ・ケースになるものと思われる。すでに民間化、民営化の進んでいるガス事業の場合、事業譲渡前日までに発生した未収金はすべて引き渡さないという選択が行われた事例もある。これは、未収金の額と、回収に掛かるコスト、具体的には未収状況の洗い出し、督促行為等に掛かるコストを比較した場合、コストの方が大きいと企業が判断したためである。

　水道事業やガス事業等の公営企業会計が起債する企業債は、公会計上は資本とみなしているが、実際には負債である。また、水道事業を他者に譲渡するような場合、法制度上、この企業債は譲渡することができず、自治体には当初契約どおりの長期にわたる償還義務が残る。このように企業債は、バランスシートでの扱い、事業評価時の扱い、事業譲渡時の扱いとも、十分な検討が必要な自治体の債務である。

　水道事業は、事業としては非常に特殊な環境にある。ガスや電気等のエネルギー関連事業と同様に住民の生活には不可欠な財、サービスを提供しているが、ガスと電気で競合するような代替となる財、サービスは事実上なく、また、財、サービスの供給者も地域で寡占である。さらに住民はこの財、サービスを利用しないという選択肢を、やはり事実上持っていない。

　このように特殊な事業について、既存の事業評価手法を適用するには、前述の会計処理の違いを前提として慎重な作業が必要となる。配当モデルや、簿価による評価のほか、有料道路の証券化の際に用いられた手法が参考となるかもしれない。

水道サービス

　水道事業の最大の留意点は、需要の減少である。地方を中心とした人口減少、

節水意識の高まりによる民間需要原単位の低下、産業構造の変化による工業用水需要の低下などにより、水需要は今後さらに低下していくものと思われる。しかし、「水」は、われわれの日々の生活に欠かすことのできないものである。過去の災害時にも明らかとなっているように「水」は生存に最も必要なものであると言っても過言ではない。従って水道事業は、天災や騒乱の場合にも、サービスの提供、すなわち上水の供給を長期間停止することは人道的な見地から許されない。また、事業体に問題が起こった場合（例えば経営の破綻等）でも、同様にサービスの提供を続けることが求められる社会基盤施設である。これらは憲法に定められた「生存権」を保障するために求められているものである。このため水道サービスを提供する事業者には「供給継続の義務」が課せられる。またそのための、最小限以上の設備投資も必要となる。事業者の視点から見れば、これらはほかの多くの事業と異なる、水道事業に特徴的なリスクである。

一方、わが国は地震多発地域であり、国内およそすべての地域において、地震対策は不可欠である。特に耐震化については老朽化した施設の更新時に進められているが、事業として見た場合には、このような災害対策への費用負担はリスクととらえることができる。

特に、新たに事業を継承する事業者にとっては、これらの災害に備えるためのコストがどれほどのものか、に加え、そのコストを事業継承前に正確に把握できない可能性があるというリスクとなり得る。

水道事業は、水源も含め、常に一定の安全性を満たすサービスを提供しつつ事業を執行しなければならない。今後は、水源地付近の環境汚染の把握に加え、騒乱やテロなどの脅威もリスクの対象としてとらえられる可能性がある。

水道技術

人的資源は地域の水道事業に固有のものであり、多くの知識、技術が個人に依存している。このため水道事業は、1980年代後半からの新規採用の抑制と、これから予測される団塊の世代の大量退職に伴い、地域の水道事業個別の情報を把握している人的資源を失う、すなわち、情報と技術が継承されないというリスクをはらんでいる。

一方、水道事業にかかわる技術革新の進展は速く、新しい技術に対応できる人材の確保は不可欠である。しかしながら、多くの公営水道事業に見られるように、採用抑制による職員の年齢構成の偏りにより、今後の技術革新に対応できる若い人材が育っていないという指摘もある。

　水道事業にかかわる技術革新の進展に伴い、施設・設備の運営、管理、リプレースは喫緊の課題となりつつある。しかし小規模な事業体では、前述のように人材の不足に加え、資金的な余裕がないことなどから、必要な対応がとれない場合が生じることが想定される。

　また水道事業については、長期的な修繕計画の欠落が指摘されている。施設、設備の状況を正確に把握した上での長期的な修繕計画がなければ、今後の事業計画を検討すること、具体的には、必要となる資金、タイミングを予想することが困難となることにも留意する必要がある。

第 4 章

水道事業における監査制度

第1節　監査制度とその課題

1．監査委員と監査制度

　地方公共団体には、首長から独立し、行財政を監査する機関として監査委員が置かれている。これは、地方自治制度が、その執行機関として首長のほかに、委員会および委員から構成される執行機関が独立した権限を持つ多元主義を採用しているからである。監査委員もその一つであるが、さらにこの監査委員に加えて、平成9年の地方自治法の改正により外部監査人監査の制度が定められた。なお、この外部監査人監査制度については後に記す。

監査委員が行う監査の種類と対象

　監査委員制度は昭和22年に制度化され、その後、何度か制度改正が行われ、監査機能の強化・充実が図られてきている。すなわち、昭和38年の法の改正により普通地方公共団体の必置機関とされ、職務権限を財務監査に限定した。さらに、地方公共団体退職職員の監査委員への就任制限や、監査委員の複数化などにより、監査委員の専門性、独立性を高める措置が講じられてきた。そして今日では、かつての財務監査に限定されていた役割から、地方公共団体の行政全般に関する監視とチェックを行うようになっている。

第4章　水道事業における監査制度

　監査委員は、地方公共団体の長が議会の同意を得て、人格が高潔で、財務管理、事業の経営管理その他行政運営に関し優れた識見を有する者および議員から選任されている。

　監査委員が行う監査には、一般監査と特別監査とその他の監査がある。一般監査は、監査委員の職権をもって行われるものであり、財務監査・行政監査・財政援助団体等の監査である。財務監査とは財務に関する事務の執行および経営にかかる事業の管理を監査するものである。行政監査とは、部課等の組織、職員の配置、事務処理の手続き、行政の運営など事務の執行につき、その適正および効率性・能率性の確保等の観点から行う監査で、平成3年の改正で追加された権限である。財政援助団体等の監査とは、自治体が財政的援助を与えているものの、出納その他の事務の執行を監査するものである。これに対し、特別監査はほかの機関や住民の請求により監査が開始されるものであり、住民の直接請求に基づく監査、議会からの請求に基づく監査、首長の要求に基づく監査がある。これらの本来職務に加え、その他の監査として現金出納検査、決算や請願の審査、住民監査請求に基づく監査、指定金融機関等における公金出納事務の監査、職員の賠償責任に関する監査が行われている。

監査委員の独立性

　監査委員は議会や首長から独立した特別執行機関として設置され、独立した立場で監査を行う制度となっている。しかし、首長に監査委員の任命権があり、その身分は地方公共団体に属している以上、結局内部監査にすぎず、身内に甘い監査になる恐れがあるといわれる。さらに、全国的にみて監査委員に当該地方公共団体の退職職員が就任している地方公共団体が多いことや、監査委員業務を補佐する監査委員事務局職員は地方公共団体の人事ローテーションで配属された地方公共団体職員であることから、監査の矛先が鈍りがちになると指摘されている[1]。このようなことから、平成18年には地方公共団体の実情に応じて監査機能の充実を図る観点から、識見を有する者から選任する監査委員の定数を条例で増加することができるよう法が改正された。これを踏まえ、総務事務次官通知（平成18年8月31日）では「当該地方公共団体の常勤の職員であっ

た者の監査委員への選任は特に必要がある場合以外は行わないこととし、地方公共団体外部の人材を登用することを原則とする」とされ、監査機能の強化に積極的に取り組むことが求められている。この趣旨に従って監査委員に学識経験者として弁護士、公認会計士、税理士が任命されるようになったが、この場合でも監査委員事務局職員は、地方公共団体の職員であることから監査委員の独立性が低いという問題は依然として残っている。

2．外部監査制度

　監査委員監査制度に内在する問題により、すなわち、その監査制度の限界から、「官官接待」「カラ出張」等の不適切な予算執行が明らかにされなかったことや、地方分権の推進を図るために地方公共団体自らの監査性を強化する必要があったことから、平成9年の地方自治法の改正に伴い外部監査制度が定められた。

外部監査人の独立性と専門性

　外部監査人制度導入の趣旨は監査の独立性と専門性を高めることにあるため、弁護士については法律の専門家としての能力を、公認会計士は民間企業の監査に関する知識経験を、公務精通者は実際に公会計の監査等を担当してきた知識経験を、地方公共団体の監査に有効に活用できるため外部監査人として選任される資格者とされている。なお、これらの資格者が大都市に偏在していることから、税理士についても資格者とされている。

外部監査人が行う監査の範囲

　外部監査人が行う監査は、「財務監査に関する事務の執行」と「経営に関する監査」（「財務監査」）で監査委員監査と異なり「行政監査」は含まないと一般に解されている[2]。しかし、財務監査と行政監査の境界線は必ずしも明確ではなく、財務監査といっても行政運営の合理化を前提に監査が行われることからその範囲は広範である。例えば水道料金収入が正規の事務手続きに従って収納されているかどうかを検査するに当たって、財務監査の執行に必要な限りで「内部統制組織の運営を監査する」ことは許容されるということになる。すなわち、財務監査が単なる法規適合性の監査にとどまらず、事務事業の有効性・経済性・効率性を監査するいわゆる3E監査まで行うこととなる。

監査対象が行政監査にまで及ぶとすると、外部監査人の監査は、行政運営の当否についてまで及ぶことになる。組織、運営の合理化の観点から財務監査を行う場合にも、同様の可能性がある。しかし、行政運営の当否を判断するに当たっては、外部監査人の専門性は決め手にならない。確かに、外部監査人は、地方公共団体の財務管理、事業の経営管理その他行政運営に関し優れた識見を有する者であることを前提とするが、範囲が拡大し内容も複雑多様化している行政運営にあっては、さまざまな分野における専門的な知識が不可欠であることは率直に認めざるをえない。また、主観的な評価や判断が入ることも避けられない。例えば、経済的な有効性は、選択の際に考慮すべき要素の一つであることに違いないが、実際はそれのみでは判断できず、当該行政分野における専門的な知識や行政需要の評価・判断を含むさまざまな要素を比較考慮し、総合的な見地から決定されることが多いと思われる。

　もっとも、外部監査人の専門性がまさに生きる事項においては、その専門的な知識経験を生かした指摘が、地方公共団体内部における従来の慣行にとらわれない視点からなされることから、見逃されてきた重要な課題を顕在化させることが期待できる。地方公共団体はそれらの課題に正面から取り組むきっかけを与えられ、早期に是正することが促される。平成19年6月に成立し公布された「地方公共団体の財政の健全化に関する法律」では、地方公共団体は、健全化判断比率のうちのいずれかが早期健全化基準以上となった場合等に、財政健全化計画等の策定を義務付けられる。これらの計画を定めるに当たっては、財政運営上の課題をより的確に把握するために、あらかじめ、個別外部監査契約による監査を受けることとされている。

外部監査の課題

　外部監査の充実を図るため、日本公認会計士協会では研修等を通してレベルアップを図ってきている。また、外部監査業務の品質の維持向上に資することを目的として、平成16年には「公会計委員会研究報告第11号・地方公共団体包括外部監査に関する監査手続事例」を作成し、さらに平成17年にはその続編ともいうべき「公会計委員会報告第13号・地方公共団体包括外部監査に関する監

査事例手続事例その2」が公表されている。これらの事例が監査報告書の質の向上に寄与する反面、その標準化を促進し、特徴のない報告書を量産する恐れについて指摘されている[3]。また、外部監査制度に頼らずとも、監査委員に弁護士や公認会計士を選任し監査委員事務局職員の資質向上を図れば、専門性の高い監査が可能であるとの指摘もある。これらに加えて外部監査には相当な額の委託料負担を伴うことから、地方公共団体にとっての費用対効果がそれほど高くないのではないかという懸念も生じている（平成17年度の外部監査人への平均支払額は1,595万円であった）。外部監査人には、高い専門性と強い独立性をよりいっそう生かした監査が求められている。

　包括外部監査は平成11年度から毎年度行われてきた監査テーマが一巡した感があること、監査委員による監査と外部監査人による監査に重複する部分があること等から、包括外部監査の規定を「義務規定」から「できる規定」に改め、または毎年度ではなく例えば隔年度の実施に改めるのが望ましいという指摘もある。監査委員制度の充実が図られてきていることなども考慮すれば、地方公共団体がそれぞれにふさわしいと考える監査体制を選択できるような制度に見直すことも考えられる。同時に、監査の受検によって問題を洗い出す点ばかりでなく、監査結果に基づく措置、すなわち洗い出された問題を解決していく点にも重きを置くような制度の見直しも考えられるだろう。後者の点については、監査結果に基づく措置について議会の関与のあり方を見直すという方法も一つである。

　外部監査人の持つ専門性は財務会計などの分野に限られ、監査対象とされる行政事務については必ずしも専門的な知見を有するものではない点も指摘できる。この点は、専門的な知見の不足を業務指標等の活用によって補完することや、各行政事務の専門性に対応したまったく別の外部監査の仕組みを創設することが考えられる。

外部監査の実効性と議会の関与

　議会は、外部監査契約の締結について議決という形態で関与するほか、監査について説明を求めることで外部監査人を統制し責任を問うことができる。さ

らに、議会は意見を述べることで外部監査人の監査に、より積極的な関与をすることができる。

このように「外部監査の導入」および「監査のプロセス」についての議会の関与は制度化されているが、「監査の結果」については報告が外部監査人からされるにとどまっており、地方公共団体が「監査の結果に基づき講じた措置」についての議会の関与は制度化されていない。

そのため、監査を実施した外部監査人が議会に対して措置状況について説明を行う地方公共団体もあれば、措置結果報告書を議会に提供するだけにとどめる団体や措置結果について議会への報告を行わない団体など、その扱いはまちまちである。外部監査の実効性をより高めるためには、監査を実施した外部監査人が自らの指摘・意見と地方公共団体による措置結果とを対比させながら議会に報告するなど、議会に対する説明を積極的に行うべきであると考える。

3．水道事業における外部監査

　平成16年度および平成17年度に包括外部監査を実施した地方公共団体は、それぞれ108団体（包括外部監査契約義務付団体：都道府県、指定都市及び中核市95、任意で条例を制定した団体13）と111団体（包括外部監査契約義務付団体98、任意で条例を制定した団体13）あった。このうち、水道事業をテーマとして外部監査を実施したのは平成16年度で7団体（約6.5%）、平成17年度で5団体（約4.5%）とそれほど多くはない。水道事業のように公営企業会計の会計監査は、地方公共団体が行う監査委員監査にとっては難解な課題であるといわれてきた。このようなことから、外部監査人として就任することが多い公認会計士による監査は、公営企業会計にかかる的確な指摘がされると期待できる。

認識の差を埋める努力

　公営企業会計に関する指摘であっても、公営企業の特質から、企業会計基準の要請に応えることが困難なケースが存在することも事実である。例えば、筆者の所属団体の平成17年度の外部監査において退職給付引当金について引き当て不足があるとの指摘があった。すなわち、企業会計基準に基づき、全職員が期末に普通退職したと仮定した期末所要額と実際の引当金との差を引き当てるべきというものである。まったく同趣旨の指摘が、ほかの水道事業体においてもなされている。しかし、水道料金に影響が及んでしまうことから、これらの水道事業体でも、あえて全職員が一斉に退職する事態を想定して退職給付引当金を引き当てるべきか対応に苦慮している。この例のように、外部監査人と水道事業体との間に、水道事業財政の実態や企業会計に対する認識、また外部監査人の権限が及ぶ範囲に関する理解の違い等がある場合には、外部監査人の指摘が的確に水道事業体に理解されて経営改善に活用されるようにするために、そのような認識の差を埋める努力が必要となるだろう。

水道技術的事項に対する監査

　行政事務が複雑多様化しており幅広い活動領域を持っているのと同様、公営企業たる水道事業においても事務技術を横断する知識が求められている。近年、水源水質の悪化や料金格差の問題、さらには施設の老朽化、事故や自然災害といった課題が山積しており、水道を取り巻く環境は複雑多様化している。かかる状況を背景に「水道ビジョン」「水道ガイドライン・業務指標（ＰＩ＝Performance Indicators)」といった水道事業が直面する課題に対処する処方箋というべきさまざまな取り組みが始まっている[4]。

　これらの諸課題の解決に求められるのは事務技術を横断する総合的な専門性である。外部監査人に就任する割合が高い公認会計士は財務会計・監査の専門家であり、必然的に包括外部監査のテーマも予算執行関係の割合が高くなっている。このとき、事務事業の有効性、経済性、効率性までを評価するためには、水道事業の専門的知識を必要とする場合も多いと考えられる。例えば、筆者の所属する団体が平成17年度に行った外部監査においても、予算執行関係の指摘が61％を占め、水道技術的事項に関する指摘は５％にとどまっている。水道事業において技術的事項に関する課題が大きな割合を占める中で、外部監査人が水道技術に関する知識を踏まえた的確な指摘ができるかどうかは今後の課題であると考える。

　外部監査が水道事業をテーマとする機会が増加し、技術分野を直接間接に監査対象とする場合、補助人制度の活用や関係専門家の意見を聴取する制度の活用が期待される一方、水道事業体側でも外部監査人に業務指標（ＰＩ）などの情報提供を積極的に行うなど外部監査人および地方公共団体双方の努力が求められる。

外部監査のもう一つの"効果"

　経営改善が強く求められている地方公共団体にとって、独立した専門家による外部監査の実施はその「引き金」になるとともに「後押し」となり、効率的な事業運営の可能性を広げる契機となるものである。外部監査人への説明には

第4章　水道事業における監査制度

時間的にも資料作成面でも多大な労力を要し、その過程で説明責任能力が高まることは疑いがない[5]。組織ガバナンスという観点から見ると、外部監査の受検プロセスは組織挙げての対応となる可能性が高いため、職員参加型の組織・文化変革プロセスとなる効果を果たすことが期待できる。

【参考文献】
1) 成田頼明「外部監査制度導入の背景とその趣旨」『月刊税理』ぎょうせい、1998年、41巻5号、p43
　　小幡純子「地方分権改革と外部監査」日弁連法務研究財団編『法と実務1』2000年、p50
2) 松本英昭『地方自治法の概要』学陽書房、2005年、p285
3) 橘　和良「包括外部監査の現状と課題」『都市政策』財団法人神戸都市問題研究所、2006年、第123号、p44
4) 社団法人　日本水道協会「水道事業ガイドライン」
5) 宮脇　淳『公共経営論』ＰＨＰ研究所、2003年

第2節　官民連携における監査制度

1. 水道事業における監査制度の課題

　水道の普及率の向上に伴い、その役割は公衆衛生の向上に加えていろいろな社会活動に活用され、さらに個人用井戸等の伝統的な水源が適正に維持されなくなったこともあり、水道以外の用水システムが存在しなくなった。すなわち、水道は社会基盤施設としての役割を占めるようになり、まさにライフラインとしての役割を果たさなければならない存在となっている。しかし、交通、病院等の公共サービスに比べて地域独占性が強いという性格を有している。

　なぜ、地方自治体なのか

　明治20年に横浜で開設された近代水道事業の多くや、それ以前の江戸の玉川用水のような用水事業であっても、その出自は民間企業であった。しかし、地域独占性が強いこと、公共の福祉を増進するという公共サービスを行うものであることから、民間水道事業者は地方自治体により買収され、今日では地方自治体が運営する地方公営企業としてその多くが存在している。

　しかし、地域独占性が強いにもかかわらず、水道法の目的、すなわち、「清浄にして豊富低廉な水の供給を図り、もって公衆衛生の向上と生活環境の改善

とに寄与することを目的とする」という役割を果たすことができる者は、官民問わず水道事業を行うことについての認可を国（厚生労働省）から得ることによって営むことができる。民間が水道事業を経営しているのは別荘地等や特定の者に給水を行う専用水道に限られている。そのため、地域的独占すなわち不特定の者に給水義務を負って水道事業を営んでいるのは地方自治体（一部事務組合を含む）である。

水道法に基づく立ち入り検査

水道法では、水道事業者に対して水道法第39条の規定に基づく立ち入り検査を実施している。この検査は、主として水道関係法令、通知による指導等の順守状況を対象としている。具体例としては、①水道技術管理者、敷設工事監督者等の事業の監督状況、②認可（変更認可）や各種届け出状況、給水開始前検査の実施状況、③健康診断の実施状況や衛生上の措置等、衛生管理、④水質検査の実施状況、水質基準の順守、⑤水源周辺の汚染源の把握、水質管理に伴う施設の整備、⑥自然災害やテロ等、危機管理対策、⑦情報提供の実施状況や供給規定の周知など住民対策等の項目について、当該施設の水道技術管理者を立会人として、適切に実施されているかを検査している。

立ち入り検査終了後、検査内容について公表を行うとともに、その後、公表内容に重要性や法律との整合性に応じて文書指導または口頭指導を行い、その改善状況について報告を得ることとしている。平成17年度には、82事業体に対して立ち入り検査を実施した結果、115件にわたる文書指導および746件の口頭指導を行っているが、その内容は水道技術管理者の責務規定違反が多く、例えば、健康診断および水質検査の不備が多く見られている。

このように、水道法に基づく立ち入り検査は水道技術管理者の行う業務が適切であるかどうかに偏っており、水道事業体の行っている水道サービスが水道料金に相当して効率的であるかどうかの観点については十分でない。また、水道事業についての許認可権を有する国が行う立ち入り検査であることから客観的な検査が行われていることは確かであるが、水道サービスを受け、水道料金をその対価として支払っている顧客が介在しないという性格を有している。

地方公営企業法に定める監査

　地方自治体は地方自治法第252条の規定により、監査委員の監査を受けることが定められている。水道事業を行っている地方自治体は地方公営企業法により、その事業を経営する管理者を任命することとされており、この管理者の責務の一つとして、水道事業にかかる決算を監査委員の審査および議会の認定に付することが定められている。さらに、地方自治体の長は管理者が調製した決算や事実報告書等を監査委員の審査に付すこととされている。なお、平成9年に改正された地方自治法により、平成11年より、専門性と独立性を兼ね備えた外部監査人に監査を行わせる外部監査制度が導入されている。このような監査については前節で詳しく記されているが、監査人が弁護士、公認会計士、会計検査院、監査委員事務局等監査業務をある期間以上経験を有する者および税理士という性格から「財務監査」に偏りがちであり、すなわち予算の執行等についての適正さについて重点が置かれ、「行政監査」すなわち安心・安全な水道水を供給するための資産管理や技術的な観点から水道事業が効率的に運営されているかどうかについての重みは少ないと言わざるを得ない。

　水道法に定める立ち入り検査にしろ、地方公営企業法に定める監査にしろ、それらが毎年行われることが少なく、複数年ごとに行われていることが多い。さらに、地方公営企業法に基づく水道事業であっても、単年度予算制度で運営されており、水道事業は膨大な施設群と、多数の職種の職員を要し、しかも、顧客満足度を図りながら、施設の更新を含めて長期的な視野に立って経営を進めなければならないため、いずれの監査制度も課題を有している。

2．水道事業における評価・監査制度の必要性

　水道事業における評価と監査は次のような性格を有するものでなければならない。すなわち、評価とは水道法に定める立ち入り検査、地方公営企業法による監査、施設診断、資産評価と経営診断を行うことであり、監査とは評価に基づく問題点の指摘や是正事項の指摘を行い、問題点の解決の方策を提案・勧告することと定義付けられる。特に提案・勧告に際しては、目標設定や対策の内容、優先順位についても含まれる。

　このようなことからすると、水道事業における評価・監査は水道法や地方公営企業法による立ち入り検査や監査制度を参考にしつつ、より広範な観点から行われるべきものと位置付けられる。

ナショナルミニマムとシビルミニマム

　水道法は平成13年に大幅に改正された。この改正は「21世紀における水道及び水道行政の在り方」についての水道基本問題検討会の提言を受け、平成12年厚生省生活環境審議会水道部会答申「水道に関して当面講ずべき施策」を受けてなされたものである。すなわち、地方分権時代を迎えた水道は、全国どこの水道でも達成しなければならない水準（ナショナルミニマム）に加えて、それぞれの水道が地域の実態に即して地域住民の立場から決定していく水準（シビルミニマム）も達成されることを求めている。「需要者の視点」「自己責任原則」および「健全な水環境」いうキーワードの下で、水道行政、水道事業経営を行わせることを目途としている。

　水道事業者による第三者委託への業務委託の制度化、水道事業の広域化による管理体制の強化、利用者の多い自家用水道に関する水道法の適用、ビルなどの貯水槽水道における管理の充実、利用者に対する情報提供の推進が水道法の改正で新たに加えられた事柄からも、水道事業のあり方の変革が求められるようになったのである。さらに、水道法の改正等を受けて水道法に定める「水質

基準の改定」「施設基準の改訂」等省令の改正がなされた。「水質基準の改定」にあっても、地域の水道を巡る環境が望ましい状態、具体的には水道事業者が実施することを義務付けられている水質検査の結果が複数年にわたって基準値を十分下回っている場合には、水質検査項目によってはその検査を水道事業者の判断で省略できることができるようになった。あるいは、「施設基準」も性能基準化され、具体的な数値による施設基準は管路の破損を防止する観点からの最大水圧と、どこでも給水栓から給水できるために必要な最小圧力の二つのみである。ほかの施設に関する基準は、水質基準を満たすことができるような性能を満たすことが要件になっており、水道事業者の判断で、すなわち自己責任で、施設の構造や機能を定めることができるようになったのである。

新たな「広域化」という要請

また、平成11年成立の「地方分権の推進を図るための関係法律の整備等に関する法律」、いわゆる「地方分権一括法」により、地方公営企業である水道事業にあっても、経営改革の必要性と導入すべき新たな経営手法を提言している。すなわち、平成15年の「地方自治法の改正」や平成16年「地方独立行政法人法施行」等により水道事業の民間的経営手法導入が推進されることとなっている。さらに、厚生労働省は平成16年に「水道ビジョン」を明らかにし、水道事業者の自己責任の下での水道事業の今後の方向性として、特に民間的経営手法の導入も考慮した新たな水道事業の広域化を進めるべきであるという政策を提言している。

「水道ビジョン」の検討の過程で明らかになったことは、水道事業の持続的な発展が期待できないほど水道事業を巡る諸要件が危機的な状況にあることである。特に、全国で約14,000ある水道事業体のその圧倒的多数が簡易水道など小規模・零細な事業体での実態は深刻であり、水道事業を止める、すなわち水道水の供給を止めざるを得ない状況が顕現しようとしている。その例として大規模な水道事業体であっても、経年化施設の更新に必要な資金が積み立てられていないこと、"2007年問題"も水道界に存在し、技術継承に必要な人材確保がなされていないこと、東海沖地震等多大な被害が発生する巨大地震が想定されているにもかかわらず、水道施設の耐震化が遅れていること、等である。

第4章 水道事業における監査制度

　感染症対策として、約120年前に横浜で始まった近代水道整備事業は、拡張事業すなわち水道整備に伴って料金収入増につながる事業であった。しかし、少子高齢化と人口減少の時代にあって、経年化した施設を更新しても、水需要増が期待できず、水道料金制度の抜本的な変革がない限り料金収入増が期待できないこととなり、水道事業そのものの存続すら危ぶまれる時代となってきている。国レベルでの資料や統計からの解析・検討であっても、上記のような危機的な状況が浮かび上がってきている。大規模な水道事業体から、小規模の水道事業体まで、それぞれの水道事業体で水道サービスの持続的な発展を期待するためには、現状の事業のありさまばかりでなく、将来を見据えたありさまを明確にするための評価を的確に行い、その結果を水道利用者に示し、必要な施策についての同意を得る、すなわち必要な資金を調達するための水道料金改定等の施策を行い得るようにしなければならない。

第三者評価機関の設立も

　このような水道事業の危機的な状況を克服する政策として、新たな「広域化」という概念の下に、**図4-1**に示すような多様な官民連携等による水道事業の再

図4-1　多様な官民連携等による水道事業の再構築

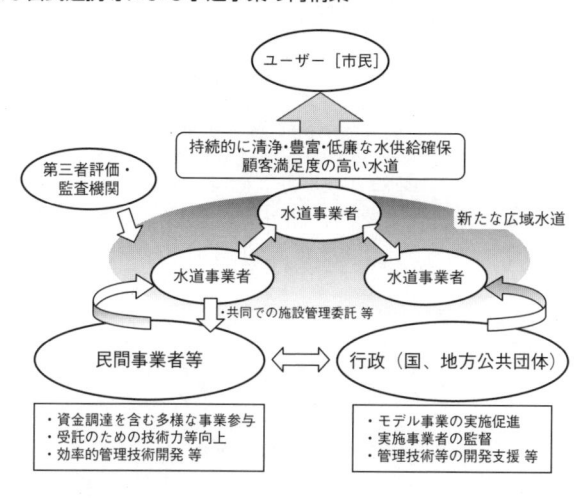

表4-1 官民リスク分担事例

段階	リスクの種類		リスクの内容	分担 公共	分担 民間	備考
共通		募集要項	記載内容の変更に関するもの 入札説明要項の誤りに関するもの	○		
		契約締結	選定事業者と契約が結べない、または、契約手続きに時間がかかる場合	○	○	
	制度	政治	債務負担行為等の議決が得られない	○		
			政策の変更、財政破綻等による事業遅延、中断、契約解除にかかわるもの	○		
			水道事業の縮小・拡充に伴い、事業対象範囲の変更にかかわるもの	○		
		法制度	事業に係わる法制度の新設・変更など	○		
		許認可	許認可の遅延（事業者が取得する部分）		○	
			許認可の遅延（上記以外の部分）	○		
		税制度	法人事業税、法人住民税等の事業者の利益に関する税の新設・変更		○	
			環境関連税制、消費税の変更にかかわるもの	○		
	社会	第三者賠償	事業者の行為による第三者責任損害（騒音振動等公害、光公害等）		○	
			水道事業本体（公）の行為に起因する第三者損害賠償責任損害	○		
		住民対応	住民の反対運動・訴訟に起因する事業遅延、中断、変更、契約解除に関するもの	○		
			調査、工事および維持管理など事業者（民）の行為に対する住民の反対運動、訴訟、要望などに関するもの		○	
		環境問題	公の要求に起因する環境問題、環境保全費用	○		
			事業者の提案内容、行為に起因する環境問題、環境保全費用		○	
	不可抗力		戦争、風水害、地震等双方の責めに帰することができない事由など	○		
			不可抗力に伴う設計変更、事業内容の変更にかかわるもの	○		
	事業の中断等		上記以外の公の事由による事業の中断等事業者（民）の事由による事業の中断（事業者の破綻、水道サービス水準が一定のレベルを下回った場合等）	○	○	
			操業期間中の事故に起因する費用の増加、事業の一時中断等		○	
設計	測量調査		公が実施した測量・調査に関するもの	○		
			遺跡の存在に関するもの	○		
			上記以外の測量・調査に関するもの		○	
	計画・設計・仕様変更		公の要求による変更に伴う費用の増加	○		
			事業者の要求による変更に伴う増加		○	
	各種負担金		インフラ整備等の追加コストの発生	○		
			金融機関等からの資金調達の不足など		○	
	補助金受給		補助金受給の遅延、削除、受給不能に関するもの	○		

第 4 章 水道事業における監査制度

段階	リスクの種類	リスクの内容	分担 公共	分担 民間	備考
建設	用地取得	事業用地の確保に関するもの	○		
		事業用地以外に要する土地の追加確保		○	
	工事遅延	公の事由による完工（維持管理・運営開始）の遅延	○		
		事業者の事由による完工（維持管理・運営開始）の遅延		○	
	工事費の増加	公の事由による工事費増大	○		
		事業者の事由による工事費の増大		○	
	性能	要求仕様不適合		○	
	施設損傷	施設の引き渡し前に生じた不可抗力による施設の損傷	○		
	安全	工事現場における事故の発生		○	
	物価変動	建設期間中の物価変動		○	
	金利変動	建設期間中の金利変動		○	
運転・維持管理	計画変更	公の事由による事業内容・用途の変更に関するもの	○		
		原水性状の著しい変化、計画給水量・浄水水質等要求仕様の著しい変化に関するもの	○		
	性能	要求仕様不適合		○	
	施設瑕疵	施設の瑕疵が見つかった場合		○	
	施設の損傷	劣化によるもの		○	
	維持管理費用の増加	原水性状の著しい変化、計画給水量・浄水水質等要求仕様の著しい変化に関するもの	○		
		公の事業内容の変更に起因する維持管理費の増加	○		
		上記以外の事由による費用の増加		○	
	設備・機器の更新	不可抗力以外の施設の瑕疵、維持管理、運営の過誤等によって更新費用が発生した場合	○	○	
	修繕費の増大	修繕費が計画を上回った場合		○	
	物価の変動	契約期間中の物価変動	○		
	金利の変動	契約期間中の金利変動	○		
終了	事業終了手続き	終了手続きに伴う、諸費用の発生に関するもの、事業会社の精算手続きの伴う評価損益等		○	
		公の事由または不可抗力による手続き遅延に伴う費用の増加	○		
		上記以外の事由による手続き遅延に伴う費用の増加		○	

構築が提案されている。

　厚生労働省ではこのような考え方に基づいてそれぞれの地域での水道事業のあり方、すなわち「地域水道ビジョン」を作成するよう求めている。図4-1に示されているように、いかなる形態、地方自治体相互、すなわち官・官連携、あるいは地方自治体と民間企業との連携、すなわち官・民連携であろうが、水道事業が適正に、効率的に行われ、持続性が期待できるかどうかを客観的に評価・監査する機関の関与が不可欠になる。このような機関は、水道事業を含め公共サービスではこれまで存在しないものである。しかし、設立しなければならない緊喫な事態に入っている。

　「公共工事の品質確保の促進に関する法律」が平成17年から施行され、従来の価格のみの競争入札による公共調達方式から、技術内容を含めた評価と併せて行う「総合評価方式」の導入が積極的に進められることとなった。この総合評価方式は、水道事業体が民間企業に発注する施設整備事業や包括的業務委託、ＰＦＩ等官民連携事業にも適用されるべき新たな調達方式である。地方自治体が発注する施設整備事業については、環境省が「廃棄物処理施設建設工事に係る入札・契約適正化検討会」での提言を踏まえて廃棄物処理施設建設工事に総合評価方式を活用すべきとしており、水道事業もこのような発注方式が取られるようになるべきである。総合評価方式では、技術力を審査・評価する際に学識経験者の参画が求められていることから、この技術審査に当たる人材の確保が不可欠となる。総合評価方式と同様に、これまでもＰＦＩ法に基づく調達において学識経験者の審査が求められていたり、水道事業体で膜濾過施設のような新技術を用いた施設整備を行う際の技術審査に学識経験者が参画して行われてきた例が多い。しかし、総合評価方式を導入することになると、専門的な技術審査に参画する人材が限定され、しかも、学識経験者といっても本務以外の業務に従事することであるから、当該案件の審査に専任できなく、必然的に審査に長期間を要することによる障害が多いといわれている。このようなことから、水道事業についての評価・監査に加えて、総合評価方式等における学識経験者の役割を担うような第三者評価機関の設立も求められものと考えられる。すなわち、「建設生産・管理システム」の一形態である、専門知識を有する者が技術的な中立性を保ちつつ水道事業者の側に立って、設計・発注・施工の各

段階における多種多様な業務を代行する者（ＣＭ＝Construction Manager）として行うということである。

　ＰＦＩや包括業務委託等官民連携業務が適正に行われているかどうか、特に**表4-1**に示すリスク分担が適正に行われているか等についても、定期的にモニタリングし、モニタリング結果についての評価と監査を行う機能を有する第三者機関の設立も求められていることは確かである。

3．第三者評価・監査機関のあり方

　水道事業について第三者評価・監査機関の責務は、水道の目的である「清浄にして豊富低廉な水の供給を図り、もって公衆衛生の向上と生活環境の改善とに寄与する」というナショナルミニマムに加えて、それぞれの地域の水道利用者が期待するシビルミニマムが妥当であるとともに、その持続性が保証されるかどうかについて、適正に評価・監査し、必要に応じて提言を行うことにある。

新たなリソースの創出を

　すなわち、水道事業を地方自治体が行うにせよ、民間との連携や民営化の下で行うにせよ、図4-2に示すような水道事業の持続性と水道利用者の支払い意志を期待できるような水道サービス水準の向上を期待できるような事業運営がなされているか評価し、必要があれば適正な事業運営のための監査や勧告・提言を行うことともいえる。

　そのようなことから、第三者評価・監査機関はそれぞれの地域の特性に応じた水道事業のあり方について十分な知見と経験を有するとともに、国全体の水道事業のあり方についても同様な識見を有することが求められる。しかしながら、水道事業を含めて公共サービスについての評価や監査が、わが国ではこれまで行われてきてはいない。さらに、水道ビジョンで示されているようなこれまでとは異なる公営企業同士の連携や官民連携という新たな水道事業形態が出現するとすれば、第三者評価・監査機関として、社会のニーズに応えられるリソースはまったく存在しない。すなわち、そのような機関を創出していかなければならないこととなる。

　第三者評価・監査機関が、ナショナルミニマムとシビルミニマムという観点からの評価や監査を行うのであるから、まず、ナショナルミニマムについての評価を行うためのマニュアルを作成し、次いでシビルミニマムについての評価を行うためのマニュアルを作成するということになる。マニュアルの作成は、

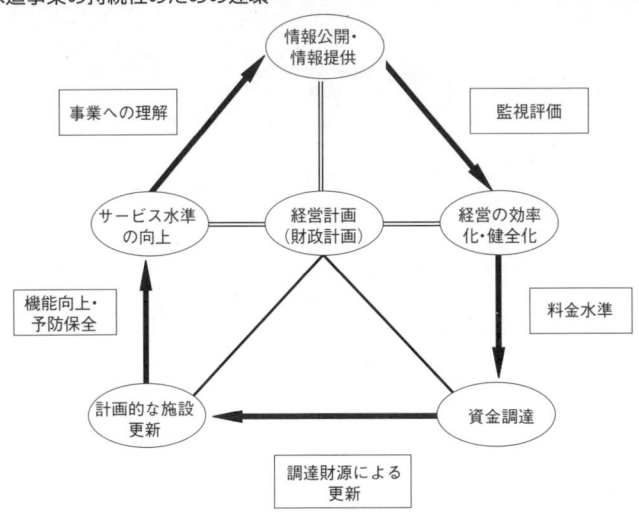

第4章　水道事業における監査制度

図4-2　水道事業の持続性のための連環

```
                    情報公開・
                    情報提供
                   ／  ‖  ＼
        事業への理解         監視評価
             ／       ‖        ＼
    サービス水準 ── 経営計画 ── 経営の効率
      の向上      （財政計画）    化・健全化
        ↑         ／    ＼         ↓
   機能向上・                      料金水準
   予防保全
        ↑         ／          ＼      ↓
    計画的な施設  ←──────────  資金調達
      更新
              調達財源による
                  更新
```

　水道サービスに関係するすべての利害関係者（ステークホルダー）が参加して、作成されるべきである。水道事業者、水道利用者、水道行政機関、水道工学専門家、会計・財務専門家、地方行政専門家、労働団体、資金調達機関や後に記す評価・監査機関等からなる専門家集団からなる機構（Institute）が設立され、そこでの合意としてのマニュアルが作成されることになる。

　このようなマニュアルは、これまでは国が行政の一環として作成し、指針・ガイドライン等の形態を取って定められてきた例が多い。しかし、米国公衆衛生財団（US.NSF）は水道用資機材の安全規格（例えばNSF基準61）を上記のような構成からなる組織で規格を作成し、それが米国規格として適用されている。また、米国南カリフォルニア大学が同じような仕組みで作成している水道用逆止弁規格、オランダ水道協会やドイツガス水道協会等でも同じような仕組みで水道用資機材についての規格を作成し、それらは、国内規格に適用あるいは実質的に国内規格として扱われている。これらの機関は、それらの規格に基づく認証業務を行っているが、規格を作成する組織と認証業務を行う組織とは、守秘義務規定を定めたりして、お互いに完全に独立して運用されて、それぞれの公平・中立性が確保されている。

図4-3 水道事業評価・監査マニュアルの策定機構案

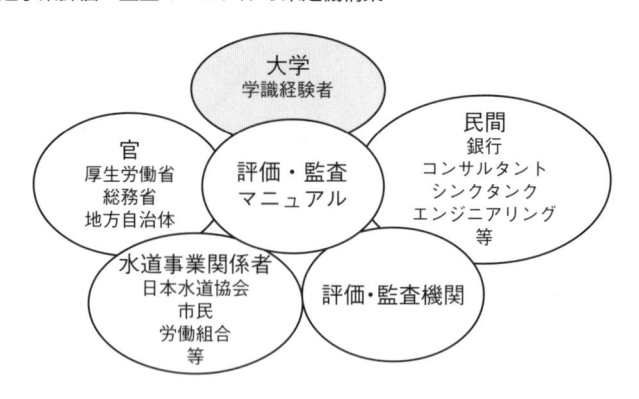

```
         大学
       学識経験者

  官                    民間
厚生労働省   評価・監査     銀行
 総務省    マニュアル   コンサルタント
地方自治体              シンクタンク
                    エンジニアリング
                        等

    水道事業関係者
     日本水道協会    評価・監査機関
       市民
      労働組合
        等
```

社会的に認知されるマニュアルとは

　わが国にあっては、地方分権や行政改革の方向性からして、水道事業についての評価・監査のマニュアル作成を国の行政の枠組みの中で関与することは期待できない。そのため、公正・中立性を旨とする第三者機関が策定し、それを活用しつつ、より高度なものへと改善することによってのみ、社会的に認知されるマニュアルが策定される方策はない。このようなことから、このマニュアルは図4-3に示すような機構で策定されようとされている。さらに、水道事業体の評価・監査を、具体的に行う機関としては、上記のマニュアルを活用して、ナショナルミニマム・シビルミニマムの観点から、その対象事業体の持続性を含めて評価・監査を行う能力のある機関であれば、どのような機関でもよいと考える。すなわち、ＣＭを含めて民間機関、監査法人や非営利特定法人がそれに該当することになる。

4. 評価・監査マニュアルが備えなければならない要件

　水道事業における評価とは、施設運営を含む経営を継続した場合に、水道事業を行うことによって生まれる便益の対価としての水道料金を水道利用者が支払う意志を持続できるかどうかを見ることになる。この場合、評価の対象となる水道事業体そのものの課題とともに、類似の規模等性格が似た水道事業体の水道サービスと比較をすることも評価の一部となるであろう。また、監査とは、評価の結果を基に可能な限り数量化した形で、直ちに改善が求められる事象について提言や勧告を行うことに加えて、中期的な事業需要とそれに必要な資金調達等についての提言や勧告を行うことになる。

どうすれば他事業体と比較できるか

　評価・監査マニュアルの策定にはISO24512の上下水道サービス規格としての社団法人日本水道協会規格である水道事業ガイドラインの業務指標（ＰＩ＝Performance Indicators）を活用し、その業務指標についてのベンチマークを設定することも考えられる。ＰＩは、第3章においてわが国の水道の状況をＰＩで示したように、「水道ビジョン」が示した、持続的に清浄・豊富・低廉な水供給を確保し、顧客満足度の高い水道の指標として掲げた「安心」、「安定」、「持続」、「環境」および「国際」の五つに加えて「経営」の六つの指標群から構成されている。しかし、ISO24512および水道事業ガイドラインの業務指標は、六つの指標群の定義と各指標のＰＩを算出する方法を示しているものであり、ＰＩの値がいくらであれば水道事業としての健全性があると認められるかというような評価の指標としては位置付けられていない。

　例えば、過去から現在までのＰＩの推移を見ることによって、水道サービスや事業経営がどのように推移し、健全な方向あるいは改善が求められる方向にあるのかを知ることはできる。しかし、ある水道事業体が、近隣あるいは同程度の規模等の環境条件が同じような他の水道事業体のＰＩと比較できれば、当

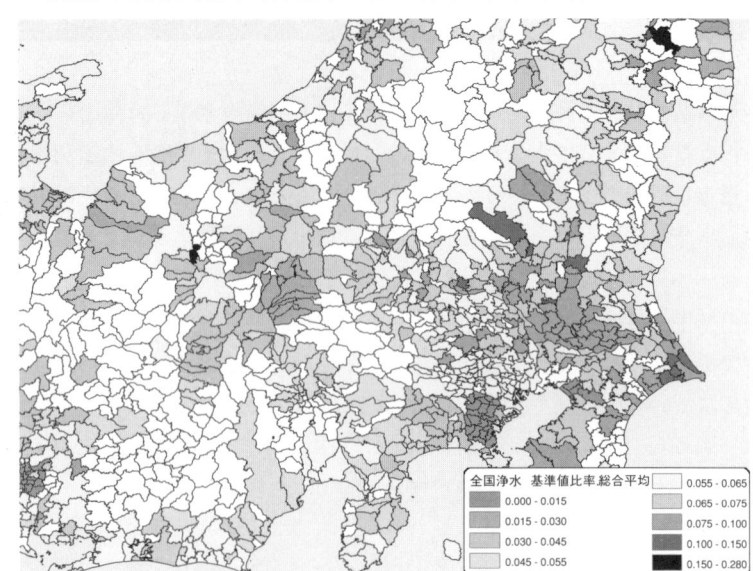

図4-4 水道水の水質基準比率（水質基準に対する水質検査結果の比率）

凡例:
- 全国浄水 基準値比率総合平均
- 0.000 - 0.015
- 0.015 - 0.030
- 0.030 - 0.045
- 0.045 - 0.055
- 0.055 - 0.065
- 0.065 - 0.075
- 0.075 - 0.100
- 0.100 - 0.150
- 0.150 - 0.280

（大野浩一、近藤良美、亀井翼、眞柄泰基：GISを用いた水道水質の評価と視覚表現に関する研究、第55回全国水道研究発表会講演集、pp.88-89、2004.6〔京都〕）

該水道事業体がほかと比べてどのような状況にあり、どこを強化すべきかという点を知ることはできる。例えば、水質基準値に対する水質検査結果の比率を求め、それらの平均値を求めて、地方自治体ごとに示す給水水質マップ（**図4-4**）が作成されてこそ、ほかの事業体と比較ができる。また、ＰＩには、水道施設の資産価値指標、すなわち水道施設の経年化による機能劣化についての指標が含まれていなかったり、職員の職種別資産についての情報や外部委託内容やそれに伴う経費に関する情報も含まれていない。従って、**図4-5**に示す水道サービスについての評価に加え、**図4-6**に示す水道サービスのマネジメント要素について、評価・監査が行われなければならない。

「水道ビジョン」で示されている「安心」はすべての国民が安心しておいしく飲める水道水の供給ということであり、**図4-4**における給水水質についての事項が対象となる。すなわち、給水水質に関しては①法令を順守し、安全で快適

第 4 章　水道事業における監査制度

図4-5　水道サービスに関係する要素

	安全	安定	持続	経営	環境配慮
顧客満足度	●	●	◐	●	◐
施設能力	◐	●	●	●	◐
職員の能力	●	◐	●	●	◐
資産管理	◐	◐	●	●	●
財務監査	●	◐	●	●	◐

●：高優先度　　　　　◐：一般事項

図4-6　水道サービスのマネジメント要素

物的資源	施設	貯水、取水、導水、浄水、配水、給水施設および通信設備
	資機材等	薬品、電力、自動車及び事務用品
組　　織	職務	組織職務所掌規程、作業マニュアルおよび緊急事態対応規程
	責任	責任分担規程
人的資源	監督	作業体勢および職階制
	労務管理	労働安全衛生
	資格・研修	法務資格および研修
財務・会計	予算	予算の調整および決算
	資金計画	自己資金および起債
	財産	固定資産台帳
法務・文書	契約	契約方法および締結、保証担保および訴訟
	記録	記録の保存および情報開示
その他の機関	関連機関	厚生労働省、総務省、国土交通省および関連団体
	その他	道路管理者および他の埋設施設関連企業など

な飲料水の供給を目指すこと、②将来の給水水質に影響を及ぼす水源水質の変化、浄水技術の進展にも注意を払い、水質変化を予測して対策を取ること、③浄水と送配水過程で水と接する資機材について、水質への影響を把握すること、④外部からの汚染対策が取られていること等が対象となる。

「安定」はいつでもどこでも安定的に生活用水を確保するということであり、①技術的、経済的に可能な限り、すべての人に公平に連続した水道水の供給がなされるとともに、②現在と将来の需要者間の負担の公平性を保ちつつ、計画的、効率的な施設の更新が実施されていること、さらに③自然災害、事故等のリスクを管理し減断水による需要者への影響を最小化する対応がとられていること等が対象となる。

マニュアルに必要なもの

「持続」は水道サービスが少子・高齢化といった社会の構造変化に対応して常にその社会的責務を果たすことができるということであり、①地域特性に合った健全な財政基盤を広域化や官民連携などにより強化するとともに、②水道技術の継承と技術革新・研究開発を促進しつつ、職員の能力向上を図っていること、さらに、③需要者のニーズを的確に把握するとともに、情報開示を積極的に行い、サービス水準の充実を図っていること等が対象となる。

「環境」は水道事業の環境保全への貢献ということであり、①地球温暖化防止のための省エネルギー策の推進を図ることや廃棄物の削減や再利用を図ることや、②健全な水循環の構築のため取水・排水を適正に行ったり、地盤沈下等地下水利用による環境変化を抑制すること等が対象となる。

「国際」は世界の人々が安心して飲用できる水道水を利用できるようにするという国連のミレニアムゴールを達成できるよう貢献することであり、そのために資する活動が行われていること等が対象となる。

「水道ビジョン」で示された五つの課題を達成するためには、**図4-6**に示した水道事業のマネジメント要素についての評価・監査マニュアルでは次のようなことを備えられていなければならない。物的資源のうち、水道施設に関しては、①水道施設は、関連する法令、基準等を順守したものとすること、②水道施設

の運転、管理について、日常的な運用マニュアルとともに、緊急時の対応マニュアルが整備されていること、③外的要因や経年化によりサービスの質を低下させることのないよう、施設を維持管理、改善すること、④水道施設の事故による影響を勘案し、事故の予防保全を行うこと、⑤水道水源の水質と水量の変化に対応できるようになっていること、⑥給水区域内の火災に備え、消防水利としての役割にも留意されていること、⑦水道システムがすでに整備された地域では、既存施設との互換性、調和性が考慮されていること、⑧総合的な無収水量対策が行われていること、⑨水道施設には、規模および特性に応じて、流量、水圧、水位、水質その他の運転状況を監視し、制御するために必要な設備を設けること、⑩消費者の給水接続の利便性と安定給水の面から、適切に配水管網の整備を進めること、⑪計測設備は法規等にのっとり、定期的に交換し、計測精度の向上に努めること、⑫資機材等については、発注から納品までに要する期間等を考慮して必要量を保有していることが主な事項となる。

やがては地域社会の選択に

組織に関しては、①事業遂行に適切な職務分担を明らかにされていること、特に水道技術管理者の所掌事務が適正に行えることや、②事業遂行に適切な責任分担を明らかにされていることが挙げられる。特に、水道法、地方自治法・地方公営企業法等地方自治体が運営する水道事業に関連する法律が適切に施行できる組織であることは当然であるが、民間関与により水道事業が運営されている場合には民法上の各種法律の適用を受けているので、そのような観点からの評価がなされているかどうかも対象となる。また、③環境関連法、電気事業法等関連法律の順守規定が満たされているかどうかも評価の対象となることが主な事項となる。

人的資源に関しては①労働関係の法令を守り、職員の技術、技能を把握し、適材適所の人員配置に努めること、②職場内訓練（ＯＪＴ＝On the Job Training）や改善運動ばかりでなく、国立保健医療科学院等での研修等に参加させ職員の技術、技能など能力の向上を図ること、③顧客に対する接応能力等職員の社会性の向上を図ること、④職員は、作業にかかわる法令を遵守できる

こと等が主な事項となる。

　財務会計については、①目的とするサービス水準を維持しながら、適正な水道料金を保持する努力を続けること、②水道料金のコスト構成について、透明性を確保すること、③適切な資産管理によりコスト軽減に取り組むこと、④長期にわたる経営予測を行い、財政の健全性を保つように努めること、⑤地域の特性に配慮した適切な手法によって経営状況を分析すること、⑥業務の委託は適正に行われていること等が対象となる。

　法務・文書については、①施設の整備・補修および業務委託の発注、契約方法および締結、保証担保および訴訟にかかる業務が適切に行われていること、②記録の保存、情報開示および顧客情報の管理等が適切に行われていること等が対象となる。その他、③水道事業にかかる関連機関との連絡・交流が適切に行われていること、④危機管理等を含めて警察、消防との協議・連絡体制が適切に行われていることや他の水道事業体との危機管理応援協定の締結が行われていること、⑤道路管理者やガス・電気等他の埋設施設関連企業との協議体制が整えられていること等が対象となる。

　このような諸点からの現状の水道事業のあり方を的確に把握することによって、水道ビジョンで示されているように、どのような事業形態が水道サービスを持続する上で最適であるかが明らかになり、地域独占的な社会基盤施設である水道事業のビジネスモデルが合理的に示され、地域社会の選択に委ねられることになる。

第5章
水道事業の再構築

第1節　水道事業の民営化の国際的な動向

1．水道事業の民間関与の流れ

　2000年9月に開催された国連ミレニアムサミット、189カ国から150名以上の政府首脳が参加し、水に関するミレニアム宣言を行った。「地球人口60億人のうち、15億人が安全な水を得られず、衛生改善（下水道）を受けられない人は20億人にも及んでおり、2015年までにこれらの人々を半減すること」。この目標（ミレニアムゴール）を達成するためには、全世界で年間1,800億ドル以上の投資が必要とされている。上下水道は人にとって共通の社会インフラとして、先進国や途上国を問わず多くの国で政府、すなわち公共部門が提供することが当然と考えられてきたが、ミレニアムゴールの達成に必要な公的資金は絶対的に不足しており、世界銀行やアジア開発銀行などの国際開発金融機関や民間部門からの資本参加、最終的には適切な受益者負担が不可欠となってきている。このようなことから、わが国政府のＯＤＡ方針でも民間資本や民間的経営手法の活用が必要であるとしている。

　2003年時点での、各国、地域ごとの大まかな水道民営化率は図5-1に示すように、欧州と中南米主体に進展している。これらの地域を含めて、130カ国、約4億人が民間部門による上下水道事業サービスを受けており、さらにこの割合は増加するものと予想されている。この割合は年10～15％の割合で増加し、

図5-1 水道事業の民営化率（2003年）

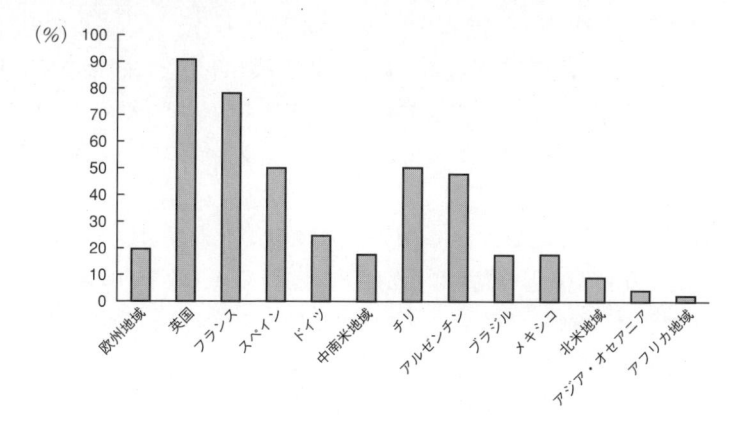

2020年には約12〜15億人に達するものと予想され、国連が推定している世界人口75億人のうち、5人に1人が民間部門から上下水道サービスを受けることになるものと予測されている。

英国における民間関与

　先進国での水道民営化というと、必ず英国の例（イングランド・ウェールズ地方）が挙げられる。民営化の背景は1980年代、英国政府の緊縮財政のため水インフラにかける投資はほとんどなされていなかったことにある。さらに1985年、英国の大蔵省は10の流域管理局（RWA）に対し、それまでの累積債務の返済を強く要求し、その財源を水道料金の値上げで賄うよう命令を下した。
　当時の英国最大規模を誇っていたテムズ川流域管理局長は経営と資本調達の自由を求め水道の民営化を宣言せざるを得なかった。国営公益事業（通信、ガス、空港、航空会社など）の民営化に乗り出していたサッチャー保守党政権は、この提案を受け、1986年に水道民営化を宣言する白書を発表、資本の自由化の方策と公的規制による消費者保護の両面から検討に入った。
　資本の自由化のためには、過去の累積債務約50億ポンドの返済免除と、将来の投資に備えての16億ポンドの増資が行われた。また公的規制面では、次の管理監督機関を設立した。①全国河川管理局（NRA）は河川管理や、水利権、

排水権管理を担当、②飲料水監督局（DWI）は、各水道会社の供給する水質の監査や水道関連資機材の安全性の観点からの認可を行う、③水道事業規制管理局（OFWAT）は消費者保護のために、例えば5年ごとに料金の見直し、値上げについての認可等を行う権限を与えた。これらの結果を受けて、1989年11月に10の流域管理局は同時に民営化され、インフラ投資については当初の目的を達成した。

『サッチャー回顧録』には、すべての国営事業の民営化が成功した理由は、政権の座に就く5年前から保守党内に特別チームをつくり「政権の座に就いたらまず何をすべきか、税制改革をどうすべきか、特に国営企業民営化のスケジュール、労組との対決姿勢」はすでに検討済みであり、サッチャー政権は「鉄の女性宰相として不退転の決意・強権で実行する」だけであったと述べられている。

英国の水道民営化成功の鍵は、特にOFWATの存在である。民営化後の10年間をみると、上水道で18％、下水道で9％のコストが削減され、特に人件費は17％も削減された。OFWATのホームページには、ビジョンとして世界最高級の水道水の供給と、現在および将来の顧客に対し最大限の価値を提供することがうたわれ、そのビジョンを遂行する民間企業に対し最大限のインセンティブ（動機付け）を与えることが明記されている。すなわち「適切な水道料金を求める顧客、河川環境を改善要求する環境グループ、民間企業として持続可能な成長と、適切な利益を求める株主とのバランスを取ること」を主眼に置き、経済的な管理・統制を行っている。OFWATの組織は、政治介入を受けない独立した組織になっており、年間予算1,800万ポンド（約36億円）とスタッフ250人を有している。また外部の専門家（水道経営、浄水技術、経済学者）の協力も得ている。

英国の水道民営化（イングランド・ウェールズ地方）は順調に推移してきたかと思われるが、民間会社ゆえに政府の料金規制に経営状況が大きく左右される結果になった。労働党政権下の1999年、OFWATが最大12％の水道料金の引き下げ、さらには150億ポンドの資本投下を要求、その結果、水道各社の株価は軒並み続落し、経営が困難な状況になった。

2000年英国最大の水道会社であるテムズウォーター社が、ドイツ第二の電力

会社RWE社に買収された。それは国内規制に左右されない安定した資本を求めるテムズウォーター社側と、海外の水道事業への進出を狙うRWE社側の思惑が一致したからであった。その結果、ロンドン市民はドイツ資本による水道水を飲むことになった。しかしRWE社側は2005年11月、本業の電気・エネルギービジネスと比較し、利益の少ない水ビジネスからの撤退を宣言し、テムズウォーターの売却を決意し、公開入札を行った。その結果2006年10月、70億ポンド以上でオーストラリア・マッコーリー銀行投資グループに売却された。なお、OFWATは、このグループにロンドン広域市内の漏水率改善として、さらに10億ポンドの上積みを要求、事業許可の条件としている。

英国の近代水道は、民営から公営、公営から国営、国営から再び民営と、経営主体は変遷しており、英国の水道会社は海外へ水道事業を展開するものの、国内の水道サービスは国外資本の下で行われるという、新しいビジネスモデルを展開している。

フランスにおける民間関与

フランスでは、地方自治体の規模が過小なことが、地方自治の最大の課題の一つである。5,800万人の人口に対し、実に3万7,000近くもの自治体が存在し、そのうち3万は人口2,000人にも満たない小規模自治体である。そのためこれらの自治体は行財政能力が弱く、150年以上前から公益事業（上下水道、廃棄物収集、都市交通の運行など）を民間会社に委託する「公設民営方式／コンセッション」が一般化しており、ヴェオリア社やスエズグループなど都市公益事業を専門とする巨大企業を生み出す背景となっている。

民間委託の歴史は1853年にさかのぼり、リヨン市がジェネラルデゾー社（CGE）に99年間の水道事業の運営を委託、同社は1960年代には廃棄物処理や都市交通などの都市公益事業に進出、さらに1980年代には、今までの100年以上の民営化の経験と蓄積された豊かな資本により公益事業の多角化および国際化を強力に進めた。

1998年、通信事業への多角化で、グループ名をビベンディと変更し、世界のメディアグループへの参入を目指し、多額の投資を行った。しかし巨額の債務

とそれに伴う不安感から株価が続落し経営不安が持ち上がり、フランス政府が救済に乗り出すことになった。水道事業などの公益事業部門は、2000年にパリ株式市場に上場するために、ビベンディ・エンバイロメント（VE）と再編成された。その後、親会社の改名に伴い2003年「ヴェオリア・エンバイロメント」と改称した。VEの水部門はヴェオリア・ウォーター社であり、フランス国内で上水道・下水道事業の最大シェアを占めている。

リヨネーズデゾー（LDE）社は1880年にリヨン郊外の上水道とガス事業を行う企業として設立された。その後フランス大手の建設会社と合併し、北米や中南米、東南アジアなどに国際的展開を果たし、1997年には親会社スエズグループと合併をし、2001年には水関連の三大事業（水事業はリヨネーズデゾー、水処理エンジニアリング事業はデグレモン、水処理薬品部門はナルコ）を統合管理するオンデオを発足させている。このように、フランス国内の水道は、ヴェオリア、スエズグループに加えてラ・ソーの3社によって運営されている。

米国における民間関与

米国連邦政府は、1970年代に安全飲料水法や公共水域保全法を制定し、上下水道にかかる水質規制を強化したため、これらの施設能力の増強や老朽化施設の更新を求めた。このようなことから上下水道施設に対する資金需要が増大していたにもかかわらず、1990年に連邦政府補助金が廃止され、さらに1992年には水道のような公設の施設運営に対し税の優遇措置が5年から20年と延長された。このようなことから、上下水道事業に民間資金の活用が推進されるようになった。その結果、USフィルター社は小規模な200社以上を買収し4,400億円を売り上げる米国最大の水処理メーカーとなった。また、アメリカンウォーターワークス社は北米の中小水道企業に狙いを定め、140社以上を買収し、北米最大の民間水道事業会社に成長した。

しかし、**表5-1**に示すように欧州の民間水道会社ビベンディ社がUSフィルター社を買収し、また水処理薬品最大手であるナルコケミカル社および米国2位の民間水道会社ユナイテッドウォーター社が、スエズグループ（仏）によって買収され、RWE社（独）は北米最大の水道事業会社・アメリカンウォータ

第5章　水道事業の再構築

表5-1　欧州民間会社に買収された主な米国企業

買収した企業	買収された米国企業	買収金額	年　月
ビベンディ（フランス）	USフィルター	約1兆円	1999年4月
スエズ（フランス）	ユナイテッドウォーター	6,120億円	1999年6月
スエズ（フランス）	ナルコケミカル	5,200億円	1999年11月
RWE（ドイツ）	アメリカンウォーターワークス	約1兆円	2001年9月

ーワークスを買収して傘下に収めた。その結果、米国の上下水道分野は欧州企業に占有された状態となっている。

　米国環境保護庁（USEPA）によると今後20年間で水道インフラへの投資は60兆円を超えると予想している。これらの投資は人口増加による浄水場の新設あるいは拡張であり、もう一つは既設設備の更新需要である。米国の国勢人口調査（1991年〜2000年）によると米国の人口は10年間で13.2％増加し、特にスペイン語系とアジア系の人々の増加により2006年10月には総人口3億人を突破した。このようなことから米国の南部、西部を中心に水インフラの整備（水道、下水道）が急がれている。また、米国北東部の大都市水道設備には100年以上の歴史を持つ設備・配管網が存在している。これらの設備更新には巨額の資金が必要であり、効率化を求め水道民営化やDBOプロジェクトの実施を加速させている。米国には地方自治体など公共部門が保有する約50,000カ所の浄水場（給水人口3,000人未満）が存在するが、それらの民営化率はわずか8％以下であり、今後はこれらの水道事業に民間企業が関与するものと考えられる。

中国における民間関与

　中国は2008年の北京オリンピック、2010年の上海万博を目標に、あらゆる面で経済発展が著しい。その一方で、水分野を含めて環境汚染や社会インフラの遅れが生じていることから、中国政府は国策として水インフラの整備、水不足の解消、水質の改善を図ろうとしている。2006年8月に発表された第11次5カ年計画によると、2010年までに水事業に約1兆元（15兆円）の資金を投入し、

市町村の下水処理、上下水の管網整備、さらには水資源確保としての「長江（揚子江）と黄河を結ぶ南水北調プロジェクト」の推進、沿海都市部での海水淡水化設備の設置、水安全対策の推進等が盛り込まれている。

　汚水処理を例に取ると、2010年までに各主要都市の汚水処理率（現在約40％）を70％に上げる目標で、今後1年間で全国に下水処理場を1,000カ所以上新設しなければならず、その総投資額は約4,000億元（約6兆円）と見込んでいる。また浄水場800から900カ所の建設も織り込まれている。このような巨額の資金調達を政府資金でのみ解決することは不可能であり、中国国内の民間資本参加と外資の導入で対処しようとしている。

　中国政府はＷＴＯ（世界貿易機関）加盟時の取り決めにより市場開放するので、世界各国より多くの水関係企業と投資家がこの中国水事業に参加することを歓迎するとしている。しかし、外資による中国の都市水事業への投資比率は、いまだ10％以下である。このような背景の下に中国政府は外資を含む民間事業者に対し「水事業は、中国で最後に開放される公共事業で、将来の発展性は無限である。

　このようなことから、ヴェオリア社は、中国国内ではすでに、天津、成都（18年契約）、上海・浦東地区（50年契約）、仁川Ⅰ・Ⅱ期（20年契約）、宝鶏市、ウルムチ市など20のプロジェクトを獲得し、7,000人を雇用、また2005年の中国への投資総額は4.7億ユーロ（約660億円）に達している。さらに国際的に常用しているＢＯＴ等のビジネスモデルを中国国内企業とアライアンスを組み積極的に水ビジネスを展開している。スエズグループ会社はオンデオやデグレモンを核に、重慶市上下水道や青島等20プロジェクトを獲得している。さらに香港の新世界グループとの合弁会社や重慶水道会社と投資会社を設立し、新たな投資案件を開発している。このほか、シーメンス社、ゼネラルエレクトロニクス社やシンガポール上下水道公社等も中国の上下水道事業に積極的に参画している。

2．世界の水ビジネスの動向

　世界の水ビジネスは、1990年代から急速に広まった途上国向け上下水道の民営化の動きで活発となった。これは途上国向けの上下水道の普及を加速するために、世界銀行やIMF（国際通貨基金）が採った「公営の水道事業は非効率であるとして、融資の条件とし民営化を強く要求」した政策によるものであった。

　その結果、世界的な水事業会社であるヴェオリア（当時はビベンディ）、スエズ、RWEの3社が世界水道民営化市場の8割を独占し、給水人口も130カ国、4億人に達した。2002年時点での世界水道民営化市場で活躍する上位7社の概要は**表5-2**に示すようであり、まさに21世紀は水ビジネスの世紀であるといわしめるところである。

　2003年以後のグローバル水企業上位3社の動きを見ると、スエズグループは、1990年代後半から通貨危機に遭遇したラテンアメリカ諸国からの一部撤退で利益改善し、最近はカントリーリスクの少ない先進国に絞って展開をしている。さらにスエズのパリ本社では利益率の高いエネルギー部門に力を入れており、今後の水ビジネスは採算性重視を打ち出している。また2006年3月、イタリアの電力公社エネル社からの敵対的買収攻勢を受け、フランス政府主導でフラン

表5-2　世界水道民営化市場の上位7社概要

親企業	売上高 (百万ユーロ)	水道部門	部門の 売上高 (百万ユーロ)	顧客数 (百万人)
スエズ（フランス）	42,359	オンデオ	10,088	115
ビベンディ・ユニバーサル（同）	51,125	ビベンディ・ウォーター	13,640	110
RWE（ドイツ）	46,633	テムズウォーター	4,144	60
ブイグ（フランス）	20,473	SAUR	2,494	36
AWG（英）	1,813	アングリアン	936	5
ヌオン（オランダ）	4,530	カスカル	181	6.7
ベクテル（米）	13,400	IWL	100	10

スガス公社(GDF)と合併を進めており、2006年10月、フランス議会での合併承認を得て、さらに欧州連合(EU)の欧州委員会の承認が得られると巨大な水・エネルギー企業に変身することが検討されている。

ヴェオリア社は、上下水道ビジネスを経営の柱として、利益が安定している欧州や発展が著しい中国に的を絞っている。また公共部門の上下水道事業だけではなく、民間の工業用排水処理システムの建設および包括維持管理にも力を入れており、顧客との強いパートナーシップを打ち出している。ドイツ電力会社のRWEは、ドイツ国内、旧共産圏に焦点を当て水ビジネスを展開していたが、先に巨額で買収したテムズウォーター(英国)、アメリカンウォーターワークス(米国)、プリデサ(スペイン)を2007年までに売却する方針を打ち出し、水事業より利益率の高い電気・エネルギー部門に経営資源をシフトさせることを明言している。

ゼネラルエレクトロニクス社の水分野への参入によって、公共インフラのマルチインフラユーティリティー化が新たなビジネスモデルとして注目されている。おのおののインフラ、例えばガス、電力、通信、廃棄物処理など共通するインフラを効果的に組み合わせ、建設、運営、維持管理することで、例えば地下パイプのマッピングシステム、運転監視システム、非常時の監視システム等のハード構築に限らず、顧客台帳、料金収集、領収書発行などソフト面なども共通にすることである。これらの共通部門を一つのグループで運営することによって事業の合理化と効率化が飛躍的に図られることになり、それに伴う収益性も向上するからである。

上下水道サービスの国際標準規格

上下水道部門の民間関与・民営化は国際的な流れではあるが、そこにも光と影が存在する。特に途上国向けの水道民営化には、多くの問題があり、世界水フォーラムで多くの環境NGOグループなどから「水道民営化絶対反対……基本的人権を奪うな」と数多くの抗議行動がなされた。上下水道はいわば地場産業であり、その流域の水資源を使い、上水道から下水道へと水を循環するのが基本で、そこには各国の法律、文化、慣習が根強く横たわっている。グローバ

ル水企業が、特に途上国政府と水道民営化交渉の際、最も時間と努力を費やすのは法律の問題はもちろんのこと、具体的な水道料金の設定と、技術的な判定基準、特に長期にわたる維持管理指針をどこに置くかであった。

　フランスは、2001年4月、ISO（国際標準規格）事務局に「上下水道サービスの国際規格化」を提案した。すなわち、上下水道サービスの活動についていっそうの透明性が図られるように、①消費者、行政当局、水道事業者との対話の促進、②事業者間の業務内容の容易な比較が挙げられ、その前提条件には、①公共団体が責任をもって実施する上下水道事業の業務、②適用は任意とする、③水質基準や、ほかの数値を定めない、④施設の設計、建設、維持管理技術、分析方法等は含めないと明記されている。しかし、その具体策にはフランスの国内規格の考え方が網羅され、ISOメンバー各国より反発、疑問が投げ掛けられた。提案時に反対していた英国、ドイツ、米国や、NGO団体から「水の権利はだれのものか」について多くの危惧が寄せられたが、結局各国の投票を経てISOとして取り上げられることが決定した。

　2002年9月から、上下水道サービスについての国際規格策定の専門家会議が7回開催され、2006年11月の総会において規格案、すなわち、ISO24500シリーズとして、ユザーサービス、下水道の経営管理、上水道の経営管理の3つの規格案が成立し、2007年にわが国で開催される総会で正式に確定されることとなっている。この規格の審議にわが国も積極的に参画してきたが、水道ではこのISO規格の付属文書として適用される国内規格を、社団法人日本水道協会規格「水道事業ガイドライン」として策定し、水道事業の評価・解析に活用されることとなっている。

　ISOは民間の任意の規格であり、使用に強制力はなく、その裁量は民間会社に任されている。しかしその業務項目がWTO項目に記載されているとISOを使用することが義務化されることになる。すなわちWTOのTBT協定（貿易の技術的障害に関する協定）には①国内基準・法規より国際基準を優先する、②国内基準をつくるときは、国際基準に準拠すること、③国際基準を基礎として使用することが義務化されている。

　下水道の維持管理契約については、WTOにおいて、「汚水サービス」項目に記載されており、20万SDR（日本円で3,200万円）以上の下水道維持管理

契約がＷＴＯ調達の対象となっており、すでに欧州企業が国内の下水処理場の維持管理契約を獲得している。なお水道は現在ＷＴＯサービス交渉の中で「飲料水サービス」として審議中であり、いずれは水道も下水道と同じような扱いを受けることになる。

第2節　水道事業の再構築例

1. 東京都多摩地区水道の一元化

　東京都の水道事業は、**表5-3**に示すように、区部を給水区域とする都営水道を核として、東京都の西部に位置する多摩地区（かつては、北多摩地区、西多摩地区、南多摩地区と呼ばれた、いわゆる「三多摩地区」）に存在する市町村営の水道事業を吸収、統合してできたわが国最大規模の水道となっている。
　この多摩地区の水道の変遷をたどることで、広域水道をいかに実現し、その結果どのような課題を抱えることになったか、またその課題解決のための方策をどのように実施しているかを振り返ることで、これからの広域水道の経営に役立つ方策を探る。

　多摩地区水道の変遷を大別すると、次の四つの段階がある。
第1段階：各市町が独自に水源を求め水道を建設して給水を行っていた時代（市町営水道時代）
第2段階：人口の急増と都市化の進展によって、新たな水源確保が困難となり東京都に対して水源の確保を求めた時代（都営一元化準備時代）
第3段階：都営水道一元化計画に基づき一元化を実施した時代（都営一元化時代）

表5-3 事業規模の比較

	平成16年度		
	東京都	多摩統合市町 （都の内書）	横浜市
給水人口（千人）	12,134	3,725	3,586
導送配水管延長（km）	25,659	9,674	9,089
1日平均配水量（万m³）	445	118	121
給水戸数（千戸）	6,138	1,620	1,648
職員数（人）	5,225	—	2,229
料金（家庭用10m³、（円）	966	（同左）	919
給水単価（円／m³）	190.98	（同左）	208.73
料金収入（億円）	3,283	724	771

第4段階：逆委託方式の課題を解決するため、経営方式を完全都営方式に変更する時代（経営改善時代）

統合以前の多摩地区の市町営水道（市町営水道時代）

　多摩地区の市町で最初に水道事業を創設したのは昭和3年の青梅市で、昭和4年の八王子市以後は大きく遅れることになり、30近い市町村の水道建設は昭和20年代後半から昭和40年代になる。このような状況が生まれる背景として、多摩地区の地形上の特徴が考えられる。多摩地区を取り囲む北部、西部、南部には自然豊かな丘陵が発達し山間部を流れる河川やその支流の流水、伏流水、谷間にわく清水や湧水群等々清浄で潤沢な水に恵まれていたことによる。
　しかし、昭和30年代に押し寄せた大都市郊外の都市化の大波に、東京区部のベッドタウンとしての多摩地区市町村も覆われることになる。そのため、水道施設の給水能力を上回った水需要が生じ、水源不足や配水施設能力の及ばない状態が発生し、その対応に追われることになる。水源確保のための井戸の掘削が続き、地下水位の低下がもたらす揚水量の減少、ひいては過剰揚水による地盤沈下など社会問題にまで進展する事態になった。

第5章 水道事業の再構築

　昭和36年の猛暑に伴う水不足問題は深刻な課題を浮き上がらせることになり、地下水に頼る水道事業経営への不安が増大した。同じ問題で悩まされる各市町水道関係者間に水源確保を緊急の課題とする相互協力関係の動きが高まり、昭和37年には武蔵野市長や立川市長など7市12町が連携して水源の確保を目的に「北多摩水資源対策促進協議会」を発足させた。
　水道事業者としての各市町からの要望が広域水道の起点となっていることが特徴として考えられる。

都営一元化準備時代

　昭和38年、多摩地域全体の給水対策を検討すべきという声の高まりを受け、東京都の提案によって、都の関係局長と多摩地区市町村長を主な構成員とする「三多摩地区給水対策連絡協議会」が設置された。三多摩給水対策の事業主体、計画給水量、不足水量の充足方針、費用負担の方法等が協議された結果、東京都と市町村ならびに市町村相互の信義に基づく協力関係を前提として、東京都が事業主体となって多摩地区市町村に浄水を分水し、市町村は分水料金を負担することで合意した。
　昭和45年度末までに分水に必要な施設を完成させ昭和46年度から分水を開始する計画であったが、各市町の水不足が深刻さを増したことから昭和40年12月から暫定的な分水を開始することになった。
　昭和40年代前半、多摩地区の水道問題は、分水がもたらした水道料金問題と従来からの水源確保の問題の2点に絞られ、多摩地区全域の市町村をもって構成される「三多摩市町村水道問題協議会」が設置され、同協議会から都や議会に対して水道料金格差の是正や水源確保についての陳情書や請願書が提出された。
　昭和43年、水道事業再建調査専門委員は財政問題についての調査と提言とともに、多摩地区への給水についても調査を委嘱され、その答申の中で「多摩地区への給水は分水のみでは不十分で、水道格差の是正も踏まえて、都営一元化を図るべき」という原則を示した。
　これを受けて都は、「三多摩地区と23特別区の水道事業における格差是正方

193

策」について諮問した結果、調査会の助言として「東京都は三多摩市町村営水道事業を吸収合併し、区部水道事業とともに一元的に経営することによって水道事業における格差を解消する方策を講ずべきである。なお、実施に当たっては、市町村の事情を個別に勘案して、段階的、漸進的に行うことを考慮すべきである」とその後の多摩地区水道の向かうべき方向が示された。

この助言に至る背景として、多摩地区市町村が抱える水道に関する大きな問題を解決するためには、次の理由から都による水道事業の一元的経営を図るしかないという考えが根底にあった。

①新たな水源を確保するには東京都という大きな行政力が必要である。
②区部と多摩地区の水道料金格差（区部14円／m^3、市町村35～36円／m^3）を是正するためには都営による水道事業経営が必要である。

都営水道への統合（都営一元化時代）

1　都営一元化基本計画

都は昭和46年「多摩地区水道事業の都営一元化基本計画」を発表した。計画の概要は次のとおりである。

（1）水道一元化の目的

　　区部と多摩地区における水源、給水普及および料金等水道にかかるもろもろの格差を解消するとともに、施設および業務の一体化等による給水サービスの向上と経営の効率化を図り、東京の都市構造に即応した水道施設の整備を促進することにより、現在および将来にわたる地域住民の福祉の増進を図る。

（2）計画実施についての考え方

　　水道の都営一元化は、都が多摩地区市町および住民の要望に基づいて、都行政の立場で実施するものである。従って多摩地区水道の都営一元化は、都が一方的に進めるというものではなく、あくまでも市町およびその地域住民の選択意思に従い計画を進めていく。

（3）計画の目標

　　①区部および多摩地区を一体とする水需要に基づき、水源の確保を図る。

②多摩地区における給水普及率を、昭和50年度95％（昭和55年度100％）に引き上げる。

③水源と水需要の地域的アンバランスを解消し、相互融通機能を強化するため配水連絡管等の抜本的整備拡充を図る。

④水道料金その他の住民負担は、区部、多摩地区とも同一とし、その均衡を図るとともに、生活用水については低廉化の方向を維持する。

⑤営業制度その他については、住民福祉の向上と業務の効率的運営に配慮しつつ漸進的にその改善を図る。

（4）計画の期間

水道事業の都営一元化の計画期間は、昭和47年度から昭和50年度までの4カ年間とする。

（5）市町別統合時期

各市町営水道の統合は、水道施設の一体的かつ効率的運営を図るため、市町の意向を十分に勘案しつつ、原則として区部隣接市町から各年度おおむね4分の1の市町について行う。

（6）都営水道への統合時における主要事項に関する計画

①水道職員の処遇：市町営水道職員は、原則として都職員として引き継ぐ。ただし、市町にとどまることを希望する職員は除く。

②水道財産の取り扱い：市町の水道事業に属する財産は、企業債などの借入金とともに原則としてすべて都に引き継ぐ。

2　計画の一部変更

各市町には職員の身分、労働条件の問題、財政事情等複雑な調整を必要とする事情があることから、都はさらに市町等との間で慎重な協議を重ね昭和47年2月、都営一元化基本計画について都の原案どおり合意し、都と市町側との総括協議は完了した。

この計画に対し、各市町の職員団体は、自治権の侵害や市町職員の身分の処遇等を理由に強い反対運動を起こした。早期に都営水道としての統合促進を求める市町側と職員団体との話し合いの進捗が複雑に絡む緊迫した中、都としての決断を迫られた。

都は、地域住民の給水の安定化と住民福祉の向上のためには、都営水道とし

て円滑な統合ができることおよび統合後の円滑な業務執行が確保されることを最優先の判断基準として総合的に検討した結果、計画の一部を変更することとした。その内容は、
①市町域内の水道業務は、原則として当該市町に委託して実施する。
②このため、市町職員は引き継がない。
というものであり、都営一元化計画は、都による直営方式からいわゆる逆委託方式へと大きく軌道修正した。

3　都営水道への統合の実施

前述の経過を経て、多摩地区市町営水道の都営一元化計画は具体的に動き出すこととなり、各市町からの申し出に応じて、一元化について個別協議を重ね、協議が整った市町から、地方公営企業の設置等に関する条例や給水条例など、都と市町それぞれの条例等の改廃手続きを経て順次統合を開始した。

昭和48年11月に小平市ほか3市の統合を開始し、その後、平成14年4月の三鷹市の第9次統合まで、ほぼ30年の歳月をかけて現在の状況に至っている。

都営一元化後の業務執行

1　水道施設の整備

（1）基幹施設の整備

第二次利根川系水道拡張事業として昭和40年に事業認可を受け、多摩地区に関する臨時分水用施設として多摩地区専用浄水場と位置付けられた小作浄水場に関連する施設の建設および送水幹線の整備が行われた。

浄水場、給水所、送水幹線などの基幹施設は、利根川水道建設本部と多摩水道対策本部で協力しながら整備を進めた（事業費：約1,158億円）。

第二次利根川系水道拡張事業では、水源の確保は都が行い、各市町へ臨時分水するという形で施設整備が行われたが、「都営一元化計画」策定後は市町営水道の都営一元化を視野に入れた施設整備が行われるようになった。それが、小作浄水場の増強および多摩地区への送水管の布設を内容とする第三次利根川系水道拡張事業である（事業費：約29億円）。

昭和47年から始められた第四次利根川系水道拡張事業においては、送水

幹線の整備や給水所、ポンプ所の整備が行われ、ほぼ今日の幹線骨格が完成した（事業費：約368億円）。

（2）普及促進と給水の均てん化のための施策

昭和46年に策定された「多摩地区統合水道施設拡充計画」は、市町域内における給水普及の向上と配水の均てん化を目的としたもので、配水施設の整備の推進、配水の相互融通機能の確保に関する施設整備をその内容とするものである（事業費：約230億円）。

昭和45年当時、多摩地区全体の給水普及率85％は区部普及率96％に比べ遅れた状態にあった。また、多摩地区水道の主要水源である地下水の過剰揚水がもたらす地下水位の低下やひいては地盤沈下の恐れさえ想定される中、水源の確保は喫緊の課題となっていた。

その後昭和48年の市町営水道の統合開始に合わせ事業名を多摩水道施設拡充事業と改め、事業内容の強化を図った（計画事業費：1,700億円）。

多摩地区水道の都営一元化によって給水区域が拡大したことや各市町の水需要が増加したことなどから、各市町から引き継いだ送配水施設に改良すべき諸点が明らかになった。そこでよりいっそうの給水の安定化を図るため、基幹施設として整備した広域的機能との整合を図った上、既存の送配水施設との有機的一体性をもった施設整備を進める必要が生じ、昭和58年に策定された計画が送配水施設総合整備事業として実施されることになった。この事業の中で多摩地区水道に関する内容は次のとおりである。

①山間部送水管路末端地区における給水源の多元化（配水池容量の増強）。
②送水の平準化を図るための配水池増強（配水池容量の増強）。
③多系統受水による給水源の多元化（送水管の新増設）。
④重要路線の耐震性の向上。
⑤設備の安全性および信頼性の向上。

上記の計画で事業が行われ、昭和61年度まで区部水道と一体となった整備が進められた。

（3）総合的機能拡充

昭和62年から多摩配水施設整備事業（計画事業費：1,300億円）を立ち上げることとなった。その目的は次のとおりである。

①配水の均てん化を図るための施設の再編整備。
②漏水防止の強化。
③施設間の相互融通機能の充実。
④配水池容量の地域的偏在の解消。
⑤施設の耐震性の向上。
⑥施設の管理機能の向上。

2　水道施設の管理
　(1)　**管理区分**
　　昭和48年の市町営水道の統合開始と同時に、施設の管理区分を設ける必要が生じたことから、次のような考えに基づき、都直轄管理と市町管理区分を明確にした。
　　①総合的水運用にかかる広域的送配水施設は都が管理する。
　　②その他の直接地域住民にかかる市町域内の浄・配水施設は市町が管理する。
　　その後施設の整備拡充が進められるに従い、市町域を超えた広域施設が増えたことから市町管理施設の中から都の直轄管理に移行するものが増加した。

　(2)　**施設管理の集中化**
　　統合した市町営水道の施設で有人管理のものおよび他事業所の管理から移管されたものは、合計71施設であったが、無人化を核とする施設管理の集中化計画に基づき整備を進めた結果、平成17年度には、有人管理施設は17カ所にまとめることができた。
　　今後、これをさらに集中化を図ることとしており最終的には4カ所の集中管理室に集約する計画である。

　(3)　**水質管理**
　　統合前には市町の規模によって水質検査職員を確保できる市町とすべて外部委託による市町があり、直営で検査を行っていた市町は半数にも満たない状況であった。昭和52年に多摩水道対策本部に水質係を設置し、それまで外部に委託していた水質検査を引き継ぐことになった。その後直営で行っていた市町の水質検査も順次本部に引き継ぎ、現在はすべての水質管

理業務を、本部が水質センターと共同で実施している。
（4）管路管理業務
　地下漏水を早期に発見するための巡回作業は、各市町独自の方法により行われてきたが、昭和56年から多摩地区統一の仕様に基づく各戸調査と路面音聴調査を行うこととした。平成元年からは時間積分式漏水発見器と相関式漏水発見器を活用する方式を導入した。

　漏水防止作業用の管理区画の設定と区画量水器の設置を進め、平成3年から夜間最小流量測定法による漏水量の測定を開始した。

　安定した給水を確保するためには管路を常に適正に維持管理しなければならない。そのため、昭和62年度から管路の実態調査を多角的に行い、各種データを収集、把握し、科学的かつ合理的な解析診断を行うことができる管路診断業務を実施している。

多摩地区水道の業務の分担

1　多摩地区における都営水道の業務
　多摩地区の都営水道は、東京都給水条例等に基づき区部と一体的に運営している。水道事業に関する事務のうち、図5-2に示すように、各市町の住民に直接給水するために必要な水道施設の維持管理、給水装置に関する事務、給水および水道料金の徴収に関する事務等を各市町に委託しており、多摩水道対策本部（平成14年4月に改組、改称し、多摩水道改革推進本部となった）が、各市町の業務が適正かつ円滑に行われるよう指導・調整に当たっている。同時に、本部の重要な業務として、水道事業予算や実施計画の策定、業務計画の作成、財源の調整等を担当している。

2　市町への事務委託の内容
（1）都と市町との協定
　水道事業の統合に関する基本協定や細目協定を都知事と各市町長との間で締結した。

　また、統合市町域の水道事業の執行は、地方自治法第252条の14（事務

図5-2 多摩地区水道における役割分担

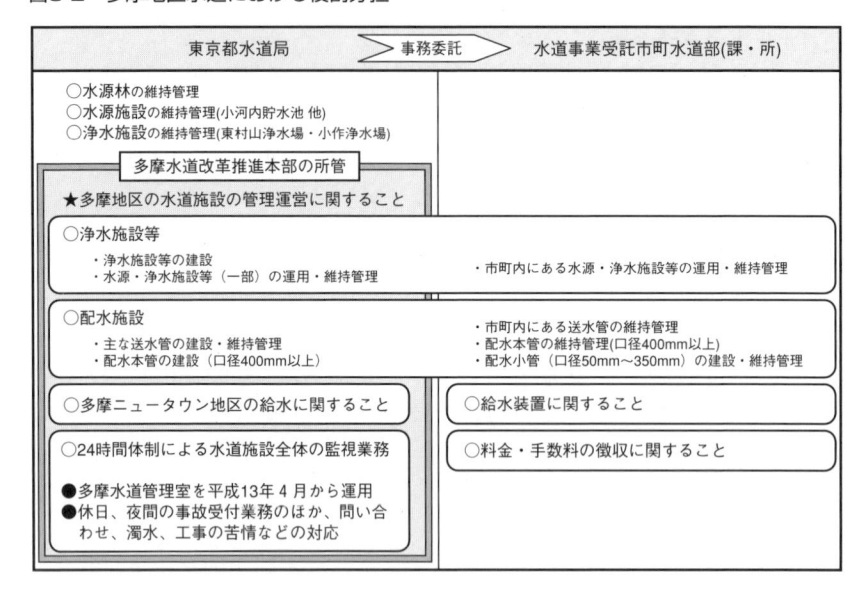

東京都水道局	→事務委託→	水道事業受託市町水道部(課・所)
○水源林の維持管理 ○水源施設の維持管理(小河内貯水池 他) ○浄水施設の維持管理(東村山浄水場・小作浄水場)		

多摩水道改革推進本部の所管
★多摩地区の水道施設の管理運営に関すること

東京都水道局	水道事業受託市町水道部(課・所)
○浄水施設等 ・浄水施設等の建設 ・水源・浄水施設等（一部）の運用・維持管理	・市町内にある水源・浄水施設等の運用・維持管理
○配水施設 ・主な送水管の建設・維持管理 ・配水本管の建設（口径400mm以上）	・市町内にある送水管の維持管理 ・配水本管の維持管理(口径400mm以上) ・配水小管（口径50mm〜350mm）の建設・維持管理
○多摩ニュータウン地区の給水に関すること	○給水装置に関すること
○24時間体制による水道施設全体の監視業務	○料金・手数料の徴収に関すること
●多摩水道管理室を平成13年4月から運用 ●休日、夜間の事故受付業務のほか、問い合わせ、濁水、工事の苦情などの対応	

の委託）に基づき当該市町に事務委託して行うことになったことから、都（水道局長）と各市町長との間で関連規約や実施細則を定めて行うこととした。

（2）**基本協定等の内容**

　基本協定などで定められた引き継ぎに関する主な取り決めは次のとおりである。

　①従来の市町営水道を廃止し都営水道として経営を行う。

　②水道使用者は、都営水道の使用者として料金等、都と同一の負担をする。

　③指定水道工事店や給水装置技術者、給水装置配管技能者は、従来市町が資格を付与した者を都の基準を満たす者として取り扱う。

　④市町営水道が有していたすべての財産は、無償で統合の日に都営水道に引き継ぐ。

　⑤引き継ぎの範囲は物的なものに限らず、所有権をはじめとするすべて

の権利および水道事業債のほか水道事業にかかわる債務も含む。
（３）**事務委託に関する規約等**
　市町への事務委託の範囲は次の６点である。
　①水道施設その他の水道事業に必要な資産の維持、管理および運営に関する事務。
　②小規模な水道施設の建設改良工事に関する事務。
　③給水装置に関する事務。
　④給水に関する事務。
　⑤水道料金、手数料等の徴収に関する事務。
　⑥その他水道の管理に関し住民に直接関係する事務。
　水道事業の活動に必要な経費は、都が負担することとしている。
（４）**運営方式の統一化**
　従来の各市町の運営方式を都の制度と整合させる必要があり、順次統一化を図ってきた。例えば、水道料金等徴収事務の統一化の変遷は、次のようになる。
　①営業業務の手引きの作成。　④集金制度の廃止。
　②料金調定システムの改善。　⑤口座振替済み通知の実施。
　③収入金整理事務の電算化。　⑥水道料金等営業事務情報検索システムの導入。

事務委託制度の限界と経営改善（完全一元化時代）

　昭和48年に始まった都営水道一元化による統合市町営水道の業務運営は、地方自治法に基づく事務委託制度により実施されてきている。この間、関係者の努力により安定給水の確保や水道サービスの格差是正を図り、多摩地区の発展と住民福祉の向上に大きく寄与してきた。しかし、この制度が内包している制度上の限界が、広域水道としてのメリットや規模のメリットを十分に発揮することができないという課題を明らかにしてきた。
　お客様サービスの向上、給水安定度の向上、効率的な事業運営の各観点から各種課題の解決方法を探ってきたところ、**図5-3**に示すように、事務委託制度

図5-3　経営改善関連図

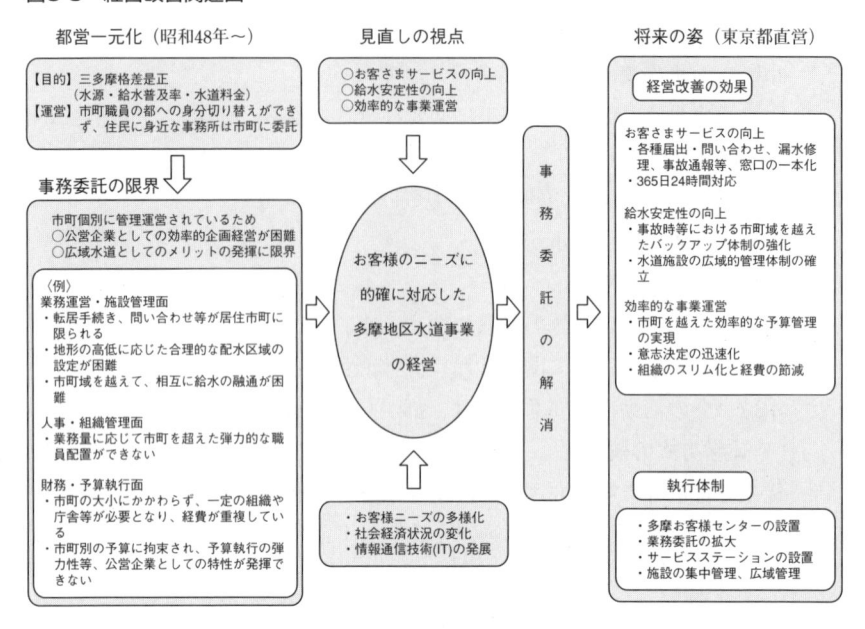

都営一元化（昭和48年～）

【目的】三多摩格差是正
（水源・給水普及率・水道料金）
【運営】市町職員の都への身分切り替えができず、住民に身近な事務所は市町に委託

事務委託の限界

市町個別に管理運営されているため
○公営企業としての効率的企画経営が困難
○広域水道としてのメリットの発揮に限界

〈例〉
業務運営・施設管理面
・転居手続き、問い合わせ等が居住市町に限られる
・地形の高低に応じた合理的な配水区域の設定が困難
・市町域を越えて、相互に給水の融通が困難

人事・組織管理面
・業務量に応じて市町を超えた弾力的な職員配置ができない

財務・予算執行面
・市町の大小にかかわらず、一定の組織や庁舎等が必要となり、経費を重複している
・市町別の予算に拘束され、予算執行の弾力性等、公営企業としての特性が発揮できない

見直しの視点

○お客さまサービスの向上
○給水安定性の向上
○効率的な事業運営

お客様のニーズに的確に対応した多摩地区水道事業の経営

・お客様ニーズの多様化
・社会経済状況の変化
・情報通信技術(IT)の発展

事務委託の解消

将来の姿（東京都直営）

経営改善の効果

お客さまサービスの向上
・各種届出・問い合わせ、漏水修理、事故通報等、窓口の一本化
・365日24時間対応

給水安定性の向上
・事故時等における市町域を越えたバックアップ体制の強化
・水道施設の広域的管理体制の確立

効率的な事業運営
・市町を越えた効率的な予算管理の実現
・意志決定の迅速化
・組織のスリム化と経費の節減

執行体制

・多摩お客様センターの設置
・業務委託の拡大
・サービスステーションの設置
・施設の集中管理、広域管理

を解消し、都水道局が直接業務運営を行う方策が最適であると都民の理解を得ることとなった。

　平成15年から、おおむね10年の時間をかけ事務委託制度を廃止し、都が直接業務運営を行うための「多摩地区水道経営改善基本計画」を策定した。各市町との協議を重ね、統合時とは逆の方向での手続きを取りながらその一歩を踏み出したところである。

【参考文献】

「多摩の水道」（東京都水道局、多摩水道改革推進本部）

「東京近代水道百年史」（東京都水道局）

「立川史水道史」（東京都立川市）

「多摩地区水道経営改善基本計画」（東京都水道局）

2．松山市・DBOによる浄水場整備等事業の概要

松山市の概要

愛媛県松山市（以下「当市」という）は、平成17年1月1日、隣接する1市1町を編入合併し、四国で初めての50万都市となった。

当市は、瀬戸内海地方特有の温暖な気候と海・山の幸に恵まれている上、西日本最高峰の石鎚山（1,982m）に守られ、台風の被害も少なく、自然環境に恵まれている。

しかし、年間の降雨量は全国平均の75％、約1,300mmと少ないことから水源が極めて脆弱であり、このため毎年のように取水制限を余儀なくされている。地形的条件から新しい水源の開発もままならず、「水不足」が当市のいわゆる"アキレス腱"になっている。

このような乏しい水源がDBO（Design Build Operate）採用の要因の一つともなっている。

浄水施設整備事業の内容

DBOで取り組むこととした施設整備事業名は「かきつばた浄水場・高井神田浄水場ろ過施設整備等事業」（以下「本整備事業」という）であり、対象とした二つの浄水場の概要は**表5-4**、**図5-4**のとおりである。

松山市水道事業の給水開始は昭和28年3月で、全国の県庁所在地の都市としては最も事業開始が遅い。これまで四次にわたる「拡張事業」を実施したが、前述の二つの浄水場は第3次拡張事業（昭和50年11月から昭和58年3月）の中で整備されたもので、築後30年近く経過し、再整備の時期を迎えていた。

また水源の約半分は、重信川（一級河川）流域の田園地帯に点在する浅井戸から取水する地下水で、これを集めて処理しているのがこの二つの浄水場である。この重信川水系の地下水は、これまで水質汚濁等はほとんどみられず、塩

表5-4 浄水場の概要

施設名	かきつばた浄水場	高井神田浄水場
所在地	松山市井門町	松山市南高井町
処理能力	（上水）40,300m³/日 （工水）27,000m³/日	（上水）32,700m³/日
新設する膜濾過施設の能力	（上水）40,300m³/日	（上水）32,700m³/日
職員	無人	無人
運転管理	（上水） 市之井手浄水場から遠隔監視制御 （工水） はぶ垣生浄水場から遠隔監視制御	（上水） 市之井手浄水場から遠隔監視制御

図5-4 浄水場の完成予定図

かきつばた浄水場　　　　　　　高井神田浄水場

素消毒のみで水質基準を満たす極めて良質の原水であるが、近年都市化の進展により生活排水による汚染が懸念される状況になってきたことに加え、接近する自治体の下水終末処理場が水源地のすぐ上流で稼動する予定（平成16年度末）であったためクリプトスポリジウム対策（適切な濾過施設）が喫緊の課題として浮上した。

総事業費は、当初老朽化した設備の整備費を含めると約100億円になるだろうと試算し、平成17年3月議会で約98億円の事業費（予算および債務負担行為の措置額）が承認された。

ＰＰＰ推進の背景

当市では、本整備事業を進めるに当たって、ＰＦＩ（Private Finance Initiative）を含むＰＰＰ（Public Private Partnership）を導入し、業務の効率化と市民へのサービスの向上を図るとともに、できるだけ財政的負担を軽減することを目標としたが、以下のような事情から、安全・安心に最大限の配慮を行いつつ、基本的スタンスとしては"財政的負担軽減"に力点を置くことになった。

節水等による料金収入の減少

給水人口は微増を続けながらも、経済の不況、大口利用者の地下水利用等によって給水量が伸び悩み、水道料金収入は横ばいから若干下降線をたどっている。

その上に、当市では他の自治体にはない当市独自の減収事情を抱えている。100年に1度ともいわれた平成6年の「列島大渇水」時には、水源のダムが完全に干上がり、水道事業開設以降初めての時間給水（4ヵ月の長丁場）を行った。

新しい水源開発が困難な当市が、水不足解消に向け、最も手っ取り早くしかもコストの安い「水源確保方策」として採用したのは、「節水型都市づくり」であった。

市民に徹底して節水を呼び掛けたほか、「節水機器の補助制度」の創設などいろいろな施策を併用実施した。これらの施策が効を奏し1人1日平均使用水

量が、平成5年度の358リットルから平成16年度には307リットルと大幅に減少した。

しかし、それは水道料金収入の減少という結果をもまねき経営が圧迫されるに至った。

平成8年4月、やむを得ず8年ぶりに水道料金改定に踏み切ったが「節水協力の見返りが料金の値上げか」と強い批判のフレーズが新聞紙上をにぎわした。

本来なら22％程度の値上げが必要であったが、緊急避難的に公費負担（一般会計から3年間で約13億円の繰り入れ）を導入することで改定率を13％にまで抑制し、この難局を乗り切った。

だが、公費負担の3年が経過すると再び赤字（損益収支から事業報酬を差し引いたもの）が累積し始め、平成15年度末には約34億円の累積赤字が見込まれることとなり、将来的には「独立採算制」が維持できないと危惧されるに至ったため、平成13年に平均12％の料金値上げに踏み切った。このときの市民への約束が①今後は節水による減収を安易に税金の投入や料金値上げで賄うことはしない、②まずは公営企業局自らが汗をかき"自助努力"によってコスト削減を図ることが先決である、③こうした取り組みなくして料金値上げはあり得ない――というものであった。

料金収入に結び付かない更新事業等

水道事業は、建設・拡張の「創業」の時代をほぼ終え、今や維持・更新・管理の「守成」の時代に移行した。

当市においても老朽化した多くの施設の更新・再構築、環境問題や地震等の災害・テロに対する備え、合併によって抱えることになった簡易水道事業等の統合や法適化、早急な施設更新、良好な水質保全のための施設改良等々、取り組むべき課題が目白押しの状態である。これらはいずれも新たな水道料金収入に結びつかない事業であり、経営を圧迫するものばかりである。

「三位一体改革」による一般財政への影響

「官から民へ」「地方にできることは地方に」をスローガンに実施された「三位一体改革」は、当市にとっても予想以上の「交付税削減、補助金削減」となり財政を圧迫した。

当市の年間の一般会計予算額は約1,500億円であるが、「三位一体改革」の影

響で、約50億円の財源減収となり、職員等の給与カット、組織改革による経費削減、各種団体への補助金カット等厳しい財政運営を強いられた。それでも平成16年度の単年度の実質赤字は約28億余円となり、財政調整基金の取り崩しで対応せざるを得なかった。比較的財政的に体力のある当市であるが、自治体（普通会計）の財政運営の健全性・弾力性を示す指標「経常収支比率」も80％を上回る82.9％に達した。

このように「地方への仕送り」に当たる地方交付税等が減少する中、地方自治体としては歳出カットしか取り得る手段がなく、いっそうの職員定数削減などあらゆる分野でさらに切り込む必要がある。

財政全体を取り巻く環境がこのように急激に変化している現状では、今後一般財源から水道事業への財政的支援は、いよいよ困難になることが確実である。

経営基盤改革方針

市民へ約束した公営企業局としての"自助努力"の具現化方針として、平成15年度から10カ年で実施する「経営基盤改革への基本計画」（以下「基本計画」という）を策定した。

この基本計画では、第一段階（平成15年度から3カ年）のアクションプランとして、「組織の再編と人員の適正化」および「アウトソーシング」の二本柱を掲げた。

期間中、前者については9課2室であった組織機構を5課1センター体制に縮小再編して組織のスリム化を図り、「アウトソーシング」についても、料金徴収業務等の民間委託、垣生浄水場の運転および施設管理業務と当市のメイン浄水場である市之井手浄水場の運転業務の民間委託を実現し、職員数を2割（45人）削減した。

基本計画の第二段階（平成18年度から7カ年）では「ＮＰＭ（New Public Management）展開プランの策定及び実施」を目標に掲げ、クリプトスポリジウム対策を中心に老朽化浄水場の整備等に民間的経営手法を導入して取り組むことにした。

ＤＢＯ採用の経緯

　本整備事業の推進の中で、事業者として右か左か判断を要求される大きな分岐点が３回あった。
　一つ目の判断は、本整備事業スタートの時点で、独自事業とするか、または浄水という水道事業のコアの分野までも委託するＰＦＩ法にのっとった事業にするのかという点であった。
　本整備事業の設備投資は新たな水需要に応えるものではないので、水道料金収入（売り上げ）の増加にはつながらない。そこで資金的に最も有利な手段はどれかをいろいろ模索した。
　ＰＦＩ受入業者数社からの見積もり徴収、ＰＦＩ導入可能性調査業務委託等を実施したところ、クリプトスポリジウム対策事業に対する民間企業の参画意欲は極めて高く、民間企業の創意工夫により、施設の建設、維持管理の効率化が図られ、一定のＶＦＭ（Value For Money）も見込まれるとの結果が得られたのでＰＦＩで実施することにした。
　次の判断は、民間資金を活用するＢＴＯ（Build Transfer Operate）で実施するかＤＢＯで実施するのかの選択であった。
　当初、厚生労働省との協議でＰＦＩ法（ＢＴＯ）にのっとって実施することを確認していたが、ＰＦＩ的手法であるＤＢＯがあることを知り、両者の可能性調査を実施したところ、当市の計画する事業のライフサイクルコストはＢＴＯよりＤＢＯの方が安価（ＶＦＭがＢＴＯの場合約13％、ＤＢＯの場合約15％）であるとの結果が得られた。しかもこのＤＢＯ方式で実施する事業も国庫補助対象になることが確認できたのでＤＢＯを採用することにした。
　後日談であるが、ＤＢＯは当市において初めての試みであり、全国においても実施事例が少ない（浄水施設の整備では先例がない）ため、事業スキーム、要求水準等の検討段階で試行錯誤を繰り返し、大変苦労をした。
　最後の判断は、濾過方式の選択である。
　平成14年に実施した「浄水施設整備基本計画策定委託」では、急速濾過方式が最も有利であるとの回答があった。また、膜濾過方式は当市にとって未知の

第5章 水道事業の再構築

図5-5 当市のDBOによる本整備事業の財政措置

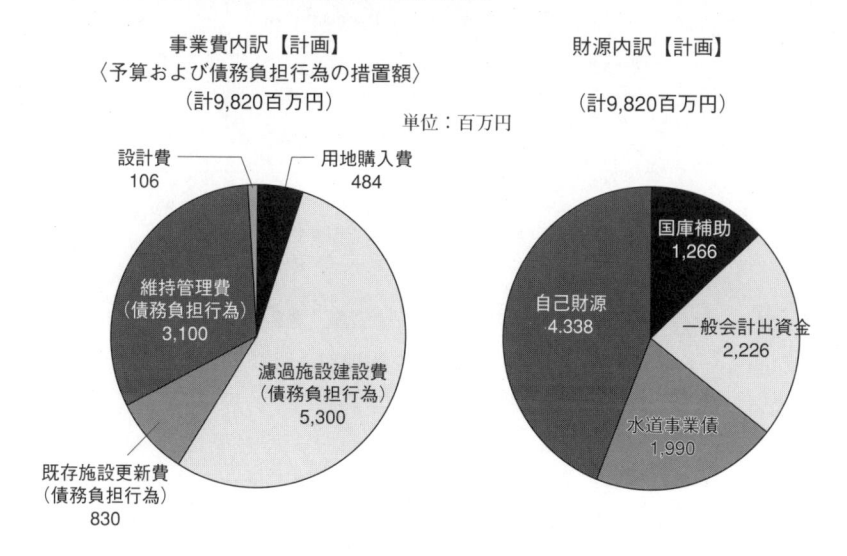

事業費内訳【計画】
〈予算および債務負担行為の措置額〉
（計9,820百万円）
単位：百万円

- 設計費 106
- 用地購入費 484
- 維持管理費（債務負担行為）3,100
- 濾過施設建設費（債務負担行為）5,300
- 既存施設更新費（債務負担行為）830

財源内訳【計画】
（計9,820百万円）

- 国庫補助 1,266
- 一般会計出資金 2,226
- 水道事業債 1,990
- 自己財源 4,338

分野であるだけに、技術サイドの職員の間には、すでに豊富なノウハウを蓄積している急速濾過方式を推す意見が強かった。

しかし、①近年膜濾過技術の進歩は目覚ましく、当市が実施しようとしている30,000～40,000m³／日クラスの施設が現に稼動している、②急速濾過では広大な敷地が必要となり、土地購入で工期が長期化する恐れがある。膜濾過方式なら現有敷地に少しの土地を買い足せば足り、費用の面でも安くつく、③総務省の平成16年の通知（地方公営企業繰出金について）で、膜濾過方式に一般会計からの繰り出し制度が活用できることになった——との諸事情を勘案し膜濾過方式を採用することにした。

以上の経緯で取り組むことにした当市のＤＢＯによる本整備事業の財政措置は**図5-5**のとおりである。

また、約15％のＶＦＭを見込んでスタートしたＤＢＯの採用は、平成17年12月22日に事業契約を締結するに至り、結果として、ＶＦＭ42％と期待を大きく上回るものとなった。

なお、最近、地下水を水源とする水道におけるクリプトスポリジウム対策と

して新たに紫外線処理が厚生科学審議会生活環境水道部会において了承された。水道の安全性を追求する上で、手段方法の選択肢が一つでも拡大することは、水道事業者にとって実に喜ばしいことである。

反省事項等

本整備事業は、ＰＦＩ法に定める諸手続きを踏襲し、「総合評価一般競争入札」方式を採用した。

当市にとって、緊急を要する事業であったため、**表5-5**のとおり極めてタイトなスケジュールとなり、審査委員の皆さんや競争入札に参加していただいた民間企業各社に多大のご苦労を掛ける結果となった。これが最大の反省点である。

当市でのアウトソーシングを含む民間活力の導入は、当初の予想以上の実績を上げ極めて順調に推移しておりＰＤＣＡ（Plan Do Check Action）サイクルでいえば、民間委託の第一ラウンドを終え事業の検証段階に入っている。

水道事業の浄水というコアの分野は、本来自治体が行うのが理想であるが、理想を追求するあまり事業そのものがなりたたなくなるという事態が現実のものになりつつある。

水道事業において、コスト削減のためだけに民間委託するのは誤りとの声が一部に聞かれるが、財政面からすべて直営で維持することが多くの自治体ではもはやできない時代になっている以上「背に腹は代えられぬ」場合もあるのではないだろうか。

水道事業者としては「水道事業は、原則として市町村が経営する」（水道法第６条第２項）との基本的態度に立ちつつも、場合によっては安全・安心の最終決定者である市民への説明責任を十分果たし、その承諾の下に民間委託を推進することがその責任でもあると思う。

これまで、各水道事業者が進めてきたいろいろな形態の民間委託事業のメリットやデメリット、問題点や課題が収斂され、より良い方向が示されることを切望する。

第5章 水道事業の再構築

表5-5　事業者選定スケジュール

日　程	内　容
平成17／4／23	実施方針の公表
4／12〜21	実施方針に関する質問の受け付け
4／28	実施方針に関する質問の公表
5／31	特定事業の選定の公表
6／10	入札公告
6／10	入札説明書等の公表
6／17	入札説明会 、第1回現地見学会
6／29	参加表明書等の受け付け
7／6	資格確認結果の通知の発送
7／8〜	入札説明書等に関する質問の受け付け
7／29	入札説明書等に関する質問への回答
8／2〜	第2回現地見学会
8／22	入札提出書類の受け付け
8／29	開札
11／11	落札者の決定、審査講評の公表
12／1	基本協定締結
12／22	事業契約締結

3．福島県三春町における包括委託

三春町の概要

　三春町は福島県の中央部、中核市郡山市の東隣に位置し人口は１万9,000人あまり、三春滝桜や郷土玩具の三春駒などをはぐくんだ豊かな自然と文化を誇りとする城下町である。
　昭和50年以降「いま、花開く小さな城下町三春」をキャッチフレーズに、教育、福祉、景観、中心市街地活性化対策など独自の政策を展開、町民参加のまちづくり運動や地方分権時代に対応した行財政改革に取り組むなど、先進的な行政の町としても知られている。
　公営企業分野では、昭和63年以降経営改革に取り組み、上下水道等６事業の経営統合、全事業への企業会計導入、経営情報の全面公開、基幹業務の民間委託を次々に実施してきた。それらは、「民間委託で自治体再生」「自治体経営の新しい流れ」（日本経済新聞）、「水道水、企業がつくる時代・安全安価安定アピール・委託で料金据え置き」（朝日新聞）、「蛇口の向こう側・工夫次第で水質向上」（読売新聞）、「小規模団体における最も優れた事例」（総務省公営企業経営企画室長）などと高く評価されている。

上下水道事業改革への取り組み

　町の取り組みは、内閣府の地方分権改革推進会議資料の中で次のように紹介されている。

事業の統合経営

　　平成10年度から水道、簡易水道、公共下水道、農業集落排水、個別排水処理（公設合併処理浄化槽による下水道）の５事業を同一部門で実施することとし、平成12年度から組織名を「企業局」とした（注：平成13年度に

は宅地造成事業も統合し6事業となった)。
　また、これらの事業すべてに地方公営企業法を適用(以下「法適用」)し、企業局長は地方公営企業法上の管理者として経営管理に当たっている。

企業会計方式の導入

　平成10年度の5事業統合段階では、水道事業は法適用の企業会計、簡易水道、公共下水道および農業集落排水はそれぞれ特別会計(官庁会計)、合併処理浄化槽は一般会計(官庁会計)で処理していたが、現在は、水道および簡易水道を「水道事業会計」、公共下水道、農業集落排水および個別排水処理を「下水道事業等会計」に集約して管理している。

　6事業会計を三つに集約し企業会計方式に統一したことにより経理事務の簡素化が図られ、財産の状況や損益の把握が容易になり、住民に対して料金や企業財政の将来見通しなどが説明しやすくなった。

経営に関する情報公開

　上下水道事業の維持管理費用は、使用者の負担で賄うことが審議会答申でルール化されている。このため、下水道使用料や水道加入金は全国でも高い水準にあるが、その理由が分かるよう、公共料金や10年先までの財政見通し等に関する経営情報は予算書や決算書で詳細に公開している。

　また、水道と簡易水道、公共下水道と農業集落排水、個別排水処理はそれぞれ統一した使用料金や受益者負担の体系とし、町内どこでも平等で分かりやすいものとしている。

業務のアウトソーシング

　平成14年4月に施行された改正水道法により、水道事業者の第三者委託が制度化されたが、三春町は法改正の8年前から委託可能な業務のアウトソーシングを進めてきた。現在は料金徴収、経理、施設の運転管理、保守点検、修繕など維持管理および日常業務を、それぞれ専門性を有する民間企業等に委託している。基幹業務については複数年(3年)契約である。

　アウトソーシングの効果として、平成元年度以降4年置きに3回連続で値上げしてきた水道料金は平成9年度以降、据え置くことができた。さらに10年間値上げしないことを目標に取り組んでいる。また、職員数は6事業合わせて平成9年度の15人から平成15年度の6人(局長および次長を含

写真5-1 企業局執務室内の状況（右奥の2名は受託会社の社員）

む）、水道担当者は同じく7人から2人に削減した（**写真5-1**）。

三春町公営企業の全体像

　改革が進む上下水道事業がどのようになっているか、まずその概要を述べてみよう。

　公営企業というと行政の中では地味な職場と見られがちであるが、この町の「企業局」には、改革が進んだ状況を見ようと全国から年間30～40の視察団が訪れる。視察者から詳細な資料の提供を求められるため、町は250ページの運営資料を作成、有償頒布している。好評ですでに4版を重ねた。

　さて企業局の業務範囲は広く、出発点となった上水道をはじめ簡易水道、公共下水道、農業集落排水、個別排水処理（公設浄化槽による下水道事業）、宅地造成の6事業を経営する。その特徴は料金徴収から施設管理まで全分野にわたって民間企業並みのアウトソーシングを駆使して、大幅なコスト削減を実現したところにある。

　企業局の中枢である浄水場は、全国で5カ所しかない生物処理・活性炭吸着方式の高度浄水処理施設を導入し、浄水場中央管理室では無人運転の下水道終

第 5 章　水道事業の再構築

末処理施設（4カ所）まで遠方監視する。さらに下水道事業では水環境センターを基地にして周辺自治体の施設まで広域的に巡回管理し、1施設当たり運転コストの大幅削減を実現した。

このように、料金から施設管理、清掃まで業務の大半を民間企業が担った結果、6事業を経営しても職員は局長を含めて6名しか

写真5-2　三春町の取り組みを紹介した出版物

いない。町職員が行うのは経営管理や住民対応など管理業務と施設の建設改良（工事計画および発注業務）である。公営企業の予算、決算書はそれぞれ150ページ前後の大冊で、情報公開度は日本一といわれる。長い間、直営が原則だった水道事業も、平成13年に水道法が改正され第三者委託が可能になったが、町はその8年前から事実上の「第三者委託」を実施するなど、全国的な公営企業改革をリードしてきた。これらの取り組みは「中小規模水道運営の実務」「水道法改正と給水条例規程の改正・給水条例逐条解説」「町村水道事業における"やさしい地域水道ビジョン"づくり」「中小規模上下水道経営入門」などにまとめられ、そのノウハウが公開されている（写真5-2）。

企業局の発展経過

企業局は町役場の業務のうち運営に企業性が求められる事業をすべて束ねた部門で、図5-6のように町内全域で事業が展開されている。その発展経過を整理すると次のようになる。

第1期（昭和63～平成8年度）
（1）新浄水場建設と事務所の独立
三春町の公営企業改革は昭和63年から始まった。きっかけは、国のダム建設

215

図5-6　三春町企業局の事業

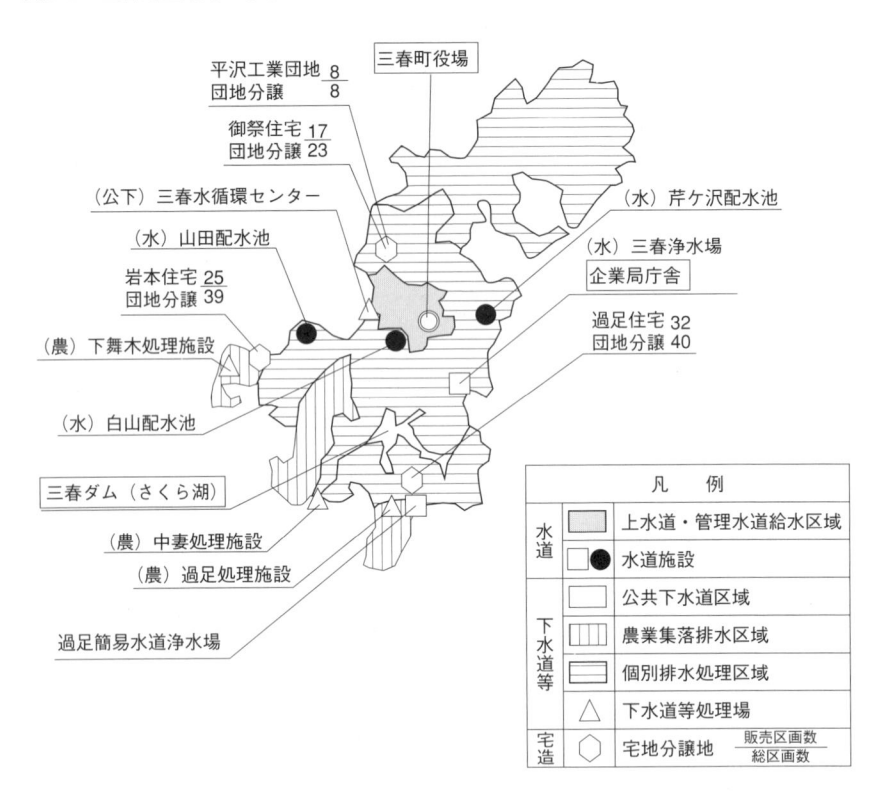

凡例
- 水道
  - 上水道・管理水道給水区域
  - 水道施設
- 下水道等
  - 公共下水道区域
  - 農業集落排水区域
  - 個別排水処理区域
  - 下水道等処理場
- 宅造
  - 宅地分譲地　販売区画数／総区画数

図中ラベル：
- 平沢工業団地　8／8　団地分譲
- 御祭住宅　17／23　団地分譲
- 三春町役場
- （公下）三春水循環センター
- （水）芹ケ沢配水池
- （水）山田配水池
- （水）三春浄水場
- 企業局庁舎
- 岩本住宅　25／39　団地分譲
- 過足住宅　32／40　団地分譲
- （農）下舞木処理施設
- （水）白山配水池
- 三春ダム（さくら湖）
- （農）中妻処理施設
- （農）過足処理施設
- 過足簡易水道浄水場

により水没する浄水場の移転問題である。水源が塩素消毒だけで給水できた伏流水から高度浄水処理が必要な表流水に変わるため、白紙の状態からの出発であった。ダム建設の工期に合わせ期限を切られた状況下で調査研究、実験をしながら、その一方で経常業務をこなす。また、財源確保や老朽施設の改良にも取り組まなければならないなど、最悪の状態からスタートした。

それから6年、企業局の母体となった旧水道課は、ダム建設により水没した大滝根川浄水場に代わる三春浄水場（**写真5-3**）を立ち上げ、その際に将来を見越して、事務所を役場会議室の間借り状態から3km離れた浄水場管理本館に移し、名実ともに独立組織になった。新浄水場の水源は表流水で、生物処理・活性炭吸着の高度浄水処理を導入した国内有数の装備を持つ。

第5章　水道事業の再構築

（2）懸案事項を一挙解決

郡山市に接するI地区は、宅地開発に水道供給が追いつかず断水や低水圧状態が続き住民から苦情が絶えなかった。浄水場移転問題とともに頭の痛い問題であった。このため新浄水場築造工事と並行して総延長6kmに及ぶ幹線配水管布設工事を進め、新浄水場が完成した年に通水できた。これで恒常的な断水発生に悩まされてきた同地区の水道問題は10年ぶりに解決した。

写真5-3　三春浄水場

また、組合納付金問題で苦情の多かった水道利用組合布設の私有管問題と、違法状態にあった格差料金の解消にも取り組んだ。七つの水道利用組合解散と私設水道管の町移管を進めながら小口径管の布設替えや低水圧対策も講じたので、以後、同地域からこの種の苦情は聞かれなくなった。なお、私有管とは町水道事業に資金がなかった昭和50年代に、町の指導の下に地区の水道利用希望者が工事費を負担し合って布設した配水管（扱いは給水管）のことである。後から入ってきた人が水道を利用する場合、組合へ負担金を納入して分岐同意を得なければ給水を受けられないことから、その負担金を巡って組合と開発業者・宅地購入者との間でトラブルが続出し放置できない状況にあった。

格差料金とは、水道未整備の同地区で急激な宅地開発により地区の井戸が枯渇、隣市水道から分水を受けて緊急対応した際の費用を回収するため、同地区だけ旧町の1,860円に比べ約2倍高い3,700円（昭和59年、月20m^3使用）の暫定料金を設定していたものである。地域の不満が大きかったので水道利用組合の整理とセットで進め、組合がすべて解散した平成7年3月に格差料金を解消した。

（3）空前の大拡張

ダムに日量12,100m^3の利水参加をしたことで給水能力に余裕が出たため、二

次にわたる拡張によって給水区域を拡大、未普及地域の解消に努めた。また、非常時に備え老朽管、石綿管の布設替えや、12時間しかなかった配水池容量を1日半程度に引き上げるため2基の配水池を築造、従来の1池2,000m^{3}から3池6,200m^{3}に高めた。これによって6カ所の増圧ポンプ所が廃止でき、すべて配水池から自然流下方式によって供給できるようになったため給水安定度は格段に向上した。

この効果を漏水による断水発生件数の推移で見ると、年間80件程度から10件前後まで漸減している。大半は公道内の老朽給水管の事故なので、影響が関係者数戸にとどまる断水である。なお、この10年余の間に布設した80kmあまりの配水管は、水道創設以来40年間にわたって布設された配水管56kmの延長より長い。

(4) **財源確保のため4年毎に3回、水道料金を改定**

これらの事業には多額の資金が必要だった。そのため昭和63年、これらの財源確保のため水道料金審議会を設置し、平成元年、平成5年、平成9年と4年間隔で水道料金の改定を繰り返した。3回を併せた改定率は80%あまりで、月100m^{3}以上の大口使用者の負担は2倍になった。また、水道の拡張財源対策として加入金、加算加入金、工事負担金制度を創設する一方、水道事業経営安定基金を設置して水道財政を安定させた (**表5-6**)。

多くの中小水道は、住民の負担を少なくするため一般会計からの繰り出しに頼っている。このように財源をほかに依存した状況下では、計画的な拡張ができないので未普及地域は解消しない。応分の負担をいただいて住民のニーズに応えるというのが公営企業の基本であるが、水道は受益と負担が明確なので説明がしやすい。この経験はその後、下水道の使用料や受益者負担金を決める際に生きた。

第2期 (平成9〜11年度)
上下水道の統合管理、アウトソーシングと人件費削減

水道の懸案課題が解決したところで、これらの経験を他の公営事業運営にも波及させようと類似事業の統合に取り組んだ。公営企業運営のノウハウを持つ水道事業を柱にして、公共下水道 (都市整備課所管)、簡易水道・農業集落排水 (農林課所管)、合併処理浄化槽 (保健環境課所管) の、いわゆる上下水道

第5章 水道事業の再構築

表5-6 水道料金等の改定状況

(単位：円、税別)

区分			昭和63年6月	平成元年4月	平成5年4月	平成9年4月	平成13年4月
水道料金（1カ月）	基本料金（口径別）	13mm	(16mm以下) 550	700	900	1,050	改定なし（平成14年度）10年間改定しない方針を決定
		20mm	1,300	1,700	2,160	2,520	
		25mm	2,100	2,740	3,960	4,620	
		30mm	2,800	3,650	6,120	7,140	
		40mm	5,600	7,300	12,150	14,180	
		50mm	8,300	10,800	18,000	21,000	
		75mm	18,500	24,600	45,000	52,500	
		100mm	30,300	40,000	76,500	89,300	
		150mm	62,700	83,000	167,400	195,300	
	水量料金 m³当たり	～10m³	(～8m³) 60	70	80	95	
		11～20m³	(9～20m³) 90	105	130	150	
		21～100m³	(21～) 100	(21～) 130	170	200	
		101m³～	区分なし	区分なし	(新設) 130	220	
負担金（口径13mm）	加入金（平成4年まで給水分担金）		35,000	70,000	130,000	改定なし	
	加算加入金		無	無	新設130,000		
	工事負担金		無	無	新設200,000		
口径13mm 1カ月当たり使用料（税込）	10m³		1,210円	1,442円	1,785円	2,100円	
	20m³		2,110	2,523	3,150	3,675	
	50m³		5,110	6,351	8,505	9,975	
	100m³		10,110	13,235	17,430	20,475	

5事業統合である。こうして平成10年4月、上下水道課（職員10名）が誕生した。

第3期（平成12～16年度）

（1）全事業に地方公営企業法を適用

平成10年度に上下水道5事業を統合したことで、水道、簡易水道、公共下水

道、農業集落排水、合併処理浄化槽（一般会計）の5事業会計を持つことになったが、そのままでは事務が輻輳（ふくそう）して統合効果は出ない。しかも、会計方式は企業会計（複式簿記）と官庁会計（単式簿記）が並存する。官庁会計は財産の状況も損益もつかめないから企業の経営には使えないし、事務の共同処理による管理経費の削減も望めなかった。

　これらは当初から予想されたことなので、会計をすべて企業会計方式に統一する方針を決め、それぞれ準備しながら段階的に進めた。具体的には、平成11年度は簡易水道事業を法適用し水道会計に組み込んで一つの会計に、平成12年度は供用開始する公共下水道と、すでに3地区で供用中の農業集落排水、平成11年度に開始した個別排水処理の3事業を法適用し「下水道事業等」としてひとくくりにした。

　なお、合併処理浄化槽の予算は一般会計の衛生費に計上されるが、それでは公営企業の中に一般会計の一部が残り企業局に端末機を置かなければならず、機器のリース代も年間10万円程度掛かる。その上、事務処理が一元化できないという問題があったので、「個別排水処理事業」の営業外収支に「受託事業費」として組み込むことで解決した。受託事業は、決算統計の際には受託工事とともに除外される項目なので、決算数値には影響しない。このように、それぞれの特性を考え簡略化した。

（2）**上下水道課から企業局へ**
　5事業に地方公営企業法を全部適用した機会に、念願の「局」命名を実現した。県内では30万都市3市は「水道局」であるが町村にはない。まして「企業局」というのは県と本町だけである。実現までに紆余曲折（うよ）はあったが、自立宣言の意義があるので実行した。事務的には公営企業設置条例を改正すればいいわけで、議会の所管委員会とは新浄水場建設問題に取り組んで以来、料金改定、拡張計画の実施等で信頼関係ができていたので、認めていただいた。当初は「水道局」を考えていたが、役場業務の中で企業的運営が必要な部門を統合した組織ということで「企業局」とした。平成12年4月のことである。

第5章　水道事業の再構築

表5-7　上下水道使用料金・負担金の統一

平成19年4月1日現在

区分		水道事業（平成9年4月施行）		下水道事業等（平成12年4月施行）		
		水道	簡易水道	公共下水道	農業集落排水	個別排水処理
水道料金下水道使用料（税別）	基本料金	口径13mm　1,050円 〃　20mm　2,520円 （以下略）		一般汚水　2,000円		定額使用料 5人槽 2,700円 7 〃 4,500円 10 〃 4,800円
	従量料金	1〜10m³　1m³当たり　95円 11〜20m³　〃　150円 21〜100m³　〃　200円 101m³〜　〃　220円		汚水量 1〜10m³　95円／m³ 11〜20m³　〃　150　〃 21〜100m³　〃　200　〃 101m³〜　〃　220　〃		
月20m³当たり一般家庭使用料（税込）		口径13mm　3,675円		20m³　4,672円 25m³　5,722円		7人槽 4,725円 （ブロワー電気代個人負担）
負担金		口径13mm（税別） 加入金　130,000円 加算加入金　130,000円 工事負担金　200,000円		個人　　　　250,000円 法人　1m³　　　600円 （最低金額 250,000円）		1基 250,000円

上下水道料金の統一

　上下水道を一元化した機会に、水道と簡易水道、公共下水道と農業集落排水、個別排水処理の使用料金や受益者負担金の体系を水道、下水道の事業区分ごとに統一した（**表5-7**）。
「福島県三春町の企業管理者は、下水道料金について、公共下水道、農業集落下水道、そして合併浄化槽を含め、町民に対して平等な負担の料金体系をつくるなど、先進的な経営を実施している」（岩波講座「自治体の構想４」）と、企業経営と管理者との関係の中で東京都交通局とともに良い例として紹介されたが、サービス内容が同じである以上、供給方法が異なっても町内どこでも平等と考えるのが一般的な考え方だと思う。これもまた下水道事業を水道事業と統合したときから考えていたことなので、別に褒められることではない。むしろ同じ下水道でありながら、別々の料金体系を採っているところに問題がある

と思う。会計ごとに原価を算定するから料金が異なるわけで、理想は水道と下水道料金の統合である。水道水を使用し、汚した水をきれいにして川に戻すまですべての費用が水道料金だと考えれば分かりやすい。地球環境時代にふさわしい料金体系ではないか。

公営企業管理者の設置──当初は「職務代理者」で

平成13年の町の行政組織改革は前例のないもので、町の組織から課長、係長の職名が消えた。米国型の行政支配人を置いた個人責任・個人担当制への移行である。

中小市町村の公営企業では、地方公営企業法第7条ただし書きを適用して管理者を置かず、その職務は市町村長が行うとする形が大半のため、局にしても管理者設置までは想定しなかったが、町の改革方針が各部門にそれぞれ責任者を立てて権限と責任を移譲するということなので管理者を置くことにした。しかし、管理者は特別職だから、その分コストがかさむ。しばらくの間は職務代理者（企業局長）で対処することにした。

なお、管理者を置くための条例改正の際に「公営企業経営委員会」を置けるようにした。委員会は水道・下水道の運営組織で、住民代表、上下水道の専門家（企業の社外取締役に相当）、企業局長などで構成する。運営責任は管理者が負っている。事業の運営には企業性を発揮させなければいけないが、民間のノウハウを活用して委員会は施設整備改良方針、受託者の業務履行状況確認と適正な住民負担など基本的なことを審議するという仕組みを考えた。

委託を選択した理由

さて、業務の委託について整理してみよう。本町では**表5-8**のように全般にわたって委託をしているが、それは次のようなところからきている。

町村の公営企業では職員が少なく一人で複数の仕事を分担することが多いため、人事異動のたびに現場は混乱する。例えば経理事務を見ると、公営企業には出納整理期間がないので4月中に決算数値を確定しなければならない。制度

第 5 章 水道事業の再構築

表5-8 上下水道事業のアウトソーシング実施状況

区分	上 水 道	下 水 道
事務	①水道料金、加入金等徴収（開閉栓受付、検針、徴収等） ②水道事業会計処理（起票〜決算） ③水質検査（原水、浄水、給水栓水） ④上下水道施設管理データベース ⑤工事実施設計	①下水道使用料、受益者負担金徴収 ②下水道等会計処理（法適用事業） ③放流水等水質検査 ④上下水道施設管理データベース ⑤工事設計
施設運転管理	⑥浄水場、簡易水道浄水場の運転管理業務 ⑦配水池・増圧ポンプ所の巡回管理	⑥公共下水道・水環境センター、農業集落排水施設の運転管理 ⑦マンホールポンプ管理
経常業務	⑧沈砂池・天日乾燥床清掃 ⑨浄水場緑地管理 ⑩配水池等草刈 ⑪庁舎清掃、ガラス拭き	⑧濃縮汚泥搬出 ⑨個別排水処理施設（合併処理浄化槽）清掃
保守点検	⑫自家用発電、電気工作物検査 ⑬消防設備 ⑭行政無線 ⑮浄化槽	⑩個別排水処理施設定期点検 ⑪電気工作物等定期点検 ⑫管渠清掃
工事	⑯給配水管漏水緊急修繕、道路本復旧 ⑰検満メーター交換	

図5-7 浄水場の管理業務の構成

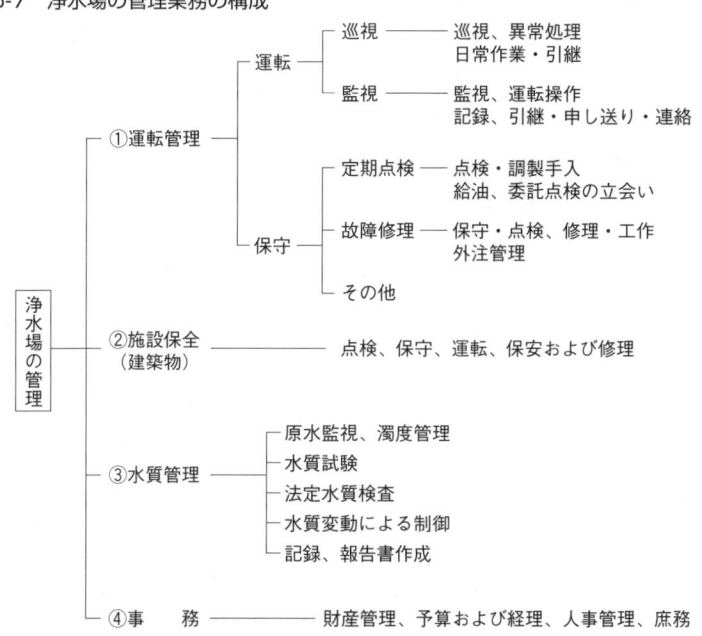

```
                                    ┌ 巡視 ─── 巡視、異常処理
                                    │         日常作業・引継
                           ┌ 運転 ─┤
                           │        └ 監視 ─── 監視、運転操作
                           │                  記録、引継・申し送り・連絡
              ┌ ①運転管理┤
              │            │        ┌ 定期点検 ─ 点検・調製手入
              │            │        │           給油、委託点検の立会い
              │            └ 保守 ─┼ 故障修理 ─ 保守・点検、修理・工作
              │                     │           外注管理
              │                     └ その他
   浄        │
   水 ──────┤ ②施設保全 ─── 点検、保守、運転、保安および修理
   場        │ （建築物）
   の        │
   管        │               ┌ 原水監視、濁度管理
   理        │               ├ 水質試験
              ├ ③水質管理 ─┼ 法定水質検査
              │               ├ 水質変動による制御
              │               └ 記録、報告書作成
              │
              └ ④事　務 ─── 財産管理、予算および経理、人事管理、庶務
```

上4〜5月の2カ月、出納整理期間が設けられている一般会計とは事情が違う。そういう環境の中で、一人しかいない経理担当職員が3〜4年間隔で決算日（3月31日）の翌日に異動する。その結果、官庁会計（単式簿記）しか経験したことのない新人が、着任した月に企業会計（複式簿記）の決算を調製するのである。規定どおりにできるだろうか。

　施設管理も似たようなもので、例えば水道事業の基幹施設である浄水場管理は**図5-7**のように四つの業務に区分されるが、それぞれの業務遂行には当然ながら専門性が要求される。しかし、近年は現場を含め全庁的な異動を行うので施設運転の経験のない人間が配属される。これでは現場がいくら努力したところで現状維持できればいい方で、事務のノウハウも技術の継承も難しい。こうした現実を直視すればその対策は「外部委託」しかない。民間企業の現場を見て不安を払拭、専門的なことは専門家にと判断して踏み切った。具体的には、高度浄水処理方式の新浄水場を運転開始した平成6年、浄水場や配水池等の施設管理、広い場内の緑地管理や管理棟清掃などをそれぞれの専門業者に委託し、その分、職員を削減したので、大幅なコスト削減につながった。

　委託を選択した理由は次のとおりである。
　①従来の施設は、伏流水を塩素消毒して高所の配水池に送り自然流下させる単純な施設だったため、町は表流水を水源にした急速濾過方式の浄水場を運転するノウハウを持たなかった。
　②自治体職員数200人弱の規模では、人事管理上、水道専門の技術職員を継続して確保、養成できない。
　③公務員の人事管理は硬直的で、直営管理によるコスト低減には限界がある。

委託導入の意思決定

　本町上下水道事業における業務の委託状況は**表5-8**、その範囲拡大の経緯は**表5-9**のとおりである。町の第三者委託の具体的取り組みについて紹介する。

　民間委託を導入するという意思決定は事業管理者の判断である。その際の考え方は後段で詳述するが、判断が難しい点はほかの事例や各社のヒアリング結果を参考にした。判断の基準は委託が事業体にプラスか否かで、企業である以

第5章 水道事業の再構築

表5-9 三春町公営企業の業務委託範囲拡大の経緯

年　度	委託業務名（委託先）
昭和55（1980）	・水道料金計算（県内・電算センター、昭和57年から県外業者に変更）
同　56（1981）	・水道配水管布設工事設計（県内・コンサルタント） ・水道料金の口座引落し（地方銀行・農協）その後、信用金庫、労働金庫、郵便局に拡大
同　57（1982）	・水道漏水等緊急修繕工事（管工事組合）
同　61（1986）	・検定満了量水器の交換および検針（管工事組合、このうち検針業務は平成10年で終了）
同　63（1988）	・水道事業経営診断、浄水場移転のための水道事業技術調査（日本水道協会）
平成2（1990）	・大滝根川浄水場休日管理（水道OB、新浄水場が運転開始した平成6年まで）
同　3（1991）	・水道配水管路図整備（航測会社） ・水道基本構想策定（日本水道協会）
同　6（1994）	・三春浄水場運転管理（日本ヘルス工業）・管理棟清掃（ビル管理会社）・浄水場緑地管理（造園会社） ・自家用電気工作物定期検査（電気保安協会）
同　7（1995）	・沈砂地、天日乾燥床清掃
同　10（1998）	・水道会計、料金事務（NJSE&M、その後、下水道、宅地造成事業会計に拡大） ・水道水質検査（公益法人）＊この年から上下水道一元化
同　11（1999）	・下水道3事業の地方公営企業法適用準備（NJSE&M）
同　12（2000）	・上下水道施設一括管理（日本ヘルス工業） ・上下水道施設管理データベース（富士通ビジネスシステム）
同　13（2001）	・宅地造成事業地方公営企業法適用準備（NJSE&M）

図5-8 水道事業の民間委託による効果（三春町）

[民間委託しなかった場合の年間業務費]

町職員の人件費（15人分）	1億1,550万円
料金事務の外注費 　水道メーターの検針や料金 　計算など	630万円
合計	1億2,180万円

注　民間委託しなかった場合の年間業務費は試算値

[民間委託した場合の年間業務費]

町職員の人件費（3人分）	2,450万円
施設の運転管理の委託費 　浄水場や配水池、ポンプ場 　簡易水道施設の一括管理	3,200万円
会計・料金事務の委託費 　水道メーターの検針や料金 　徴収、水道会計の処理など	950万円
合計	6,600万円

民間委託で約46％削減

上コスト削減効果は大きな要素である。首長に相談し意思を固め、関係職員の理解と協力を得て実施体制をつくり、さらに議会・住民の理解を得ることに最大限の努力を払った。委託の判断は、委託によるメリット、デメリットを可能な限り出し合って総合的に評価する。

事業体として判断する上でのポイントは次のとおりである。

（1）**技術者の確保や施設の維持管理体制が継続できるか**

前述のように市町村は3～4年間隔で職員の人事異動を行うため、熟練技術者を養成しにくい環境にあるので、それらを補えること。

（2）**どれだけコストが削減できるか**

現行方式での費用と委託業者の参考見積もり（複数）を比較分析してコストの削減効果を試算し内容を吟味すること。本町の例を図5-8に示す。

（3）**事故発生など緊急時のバックアップ体制がとれるか**

中小事業体では技術面から十分な支援体制が取れないので、受託者が持つ社内支援システムは魅力である。この点では受託会社の規模は大きい方が安心できる。そのため受託者の選定では、緊急時に会社をあげてどのような支援体制が組めるか経過時間ごとに対応の説明を求めた。

（4）**委託する業務は限定するか関連業務まで一括するか**

一般的な委託からさらに進めた包括委託では、受託者が設備機器の修繕計画を策定するため修繕予算の平準化や施設の延命化が期待できる。どこまで委託するか。

（5）**浄水場運転管理の勤務体制をどうするか**

ある程度の規模になれば24時間体制の運転になるため休日・深夜勤務を伴う。その結果、直営運転では労務管理や代休未消化などの問題が発生するが、委託することで解消される。宿日直が廃止されるので職員の労働条件改善や定数削減ができる。

委託対象業務の選定と責任分担

委託は対象施設と業務の選定が重要である。一般的には受託者の責任が明確に区分できるよう管理業務が一体的にできる範囲といわれるが、本町は浄水場

施設と配水池、ポンプ場までをひとくくりにした。

　事故や緊急時の対応は委託業者決定の重要なポイントになる。しかし想定外のことも多く施設などに損害発生や拡大が予想される場合は、被害が最小限にとどまるよう受託者に最善の努力を求めている。災害や停電、原水の水質異常など緊急事態はいつ起こるか分からないので、それらに円滑に対応するためにも委託者受託者双方で緊急時の対応マニュアルを整備し訓練しておかなければならない。

　また、委託業務についての責任の分担については可能な限り具体的かつ明確にしておく。責任を分担するといっても受託者の責任は委託範囲内の施設運転管理上のことで、自然災害など委託の範囲を超えた緊急を要する事故や最終的な責任は委託者側で対応する。運転方法等は任せれば受託者の創意工夫やスケールメリットによる経済性の向上が期待できる。

委託費の考え方

　どの範囲まで委託するかで費用の算定方法が異なる。一つは請負契約のように金額を固定する方法である。二つ目は包括委託で、これは扱う水量により変動する費用（電力費や薬品費など）と変動しない費用（人件費など）に分けて、その合計額を委託費用とする方法である。委託対象に修繕業務を含めれば保守点検業務と関連するため効率が良くなり、修繕の発注や管理部門の人件費の削減が期待できる。なお、効率化の成果は受託者にも還元する仕組みにしておかないと受託者のインセンティブは働かない。

契約

　契約書には水道事業者が選定要項で提示した業務要求水準書と、受託者が提出した提案書を添付する。契約の締結にあたっては、民間事業者が提案できるものとして応募の際に明示した事項や軽微な事項を除いて入札価格および入札説明書に示した契約内容は変更しない。契約期間が終了しても事業は継続するので、その後の運転管理に支障を来さないよう業務の引き継ぎに関する規定は

重要である。

また、複数年契約する場合はスライド条項やインフレ条項を入れ、物価変動等へ対応できる仕組みにしておく。具体的には費用が主として人件費により構成されている場合は「毎月勤労統計調査結果速報」（厚生労働省）や「産業別名目賃金指数」で、主として物件費により構成されているものは「物価指数月報」（日本銀行）や「国内企業物価指数」（日本銀行）の指標の動きで判断する。改定率の算出は各指標が契約締結日の指標値から上下いずれか5％以上変動した場合に行う。「委託料の改定率＝1＋指標の変動率」で計算する。

委託業務の留意点

最後に、本町の経験から委託する上で留意すべき点や課題を整理する。

（1）委託業者の決定には提案書の検討や準備期間を十分取る

受託者は業務開始後は大事な仕事を担うパートナーになる。従って、現場で混乱が起きないよう十分時間を取って実務能力を重視して選ぶ。金額だけで判断できないところに業者選定の難しさがある。本町は候補業者が受託している事業体を回って発注者側の評判、執務状況を見て選定の資料にした。これは自らの業務改善にも契約後の受託者との良好な関係づくりにも役に立った。

（2）複数年契約の採用

施設管理、特に浄水場のようなプラント運転の仕事は、業務を開始したその日から仕事が立ち上がるわけではない。河川表流水を水源とする浄水場では、原水の季節変動を経験し安定した運転ができるようになるまで1年間は受託者が苦労している。これを役所の事務処理上の都合で会計年度ごとに契約しようとすれば、同じ業者に継続発注するしか対応策はないが、これが外から見れば業者決定過程が不透明で不公正だと批判されてきた。

そういう点では国の制度が変わり複数年契約がしやすくなったのはありがたい。最低でも3～5年の複数年契約ができれば受託者も安心して取り組めるので、より安定した運転ができる。「運転管理＋ユーティリティー管理」まで含めた複数年の包括契約が時代の流れである。ただし、浄水の法定水質検査は受託業者の業務をチェックするという点では、委託業務に含めないで別の検査機

関に依頼した方が住民には説明しやすい。
（3）**委託会社選定のポイントをつかむ**
　委託会社選定の視点は①専門的能力、②緊急時の支援体制、③財務上の基盤（信用力）、④水道事業運営、経営効率化への貢献度、⑤提案書の内容と提示金額、⑥実績とほかの自治体の評判などである。提案内容と委託金額で選ぶことになるが、運転計画を付けた積算明細書を添付したプロポーザル方式の方が内容を詳細に比較検討できるので安心して業者を選べる。しかし、技術力の判断は難しい。
（4）**委託の範囲を拡大してコスト削減効果を出す**
　規模が小さくても大きくても最低人員は配置しなければならないから、中小規模はスケールメリットが働きにくいので努力しても効果には限度がある。近隣市町村の水道事業体と共同で発注するか、末端給水まで含めて事業を一括して発注すれば大きな効果が期待できる。水道事業は自治体が直営により供給する行政サービスと狭く考えないで、住民負担を軽減するという観点から大局的に考えるべきではないだろうか。もし広域化が無理なら、町の水道、下水道、ごみなど住民サービスの現業部門を統合し、業務を一括してアウトソーシングするだけでも共通費用は半減できる。

　　　　　　　　　　＊　　　　＊　　　　＊

　改正水道法の規定に基づく第三者委託は責任の所在が明確なので安心できる。しかし、委託しただけで水道の経営問題が解決するわけではない。委託は経営改革の手段であって目的ではなく、委託した後の展望を持たなければ単なる外部委託、丸投げで終わってしまう。また、職員の負担を軽減するばかりでなく、成果が使用者にも還元されなければ理解されないだろう。アウトソーシングは民間企業のように企業戦略として考えなければならない。

4．八戸圏域における水道事業の広域化

八戸圏域水道企業団の設立

　八戸圏域水道企業団は、広域化を推進するために水道法の一部が改正された昭和52年以降初の大型末端給水型広域水道として20年間を歩んできた。

　当企業団において広域化が進んだきっかけは、昭和48年に生活環境審議会の「水道の未来像とアプローチ方策に関する答申」により水道事業の広域化の道筋が示され、昭和49年に厚生省が「広域水道圏計画調査」のモデル調査地域として当地域を指定し、調査が実施されたことに始まる。

　昭和51年、八戸市水道部も26市町村19水道事業体を対象に「青森県南・岩手県北地域、広域水道圏計画調査」を実施し、取水から配水までの広域的水道施設の概略設計、事業費の概算、水単価の算定等を行い、経営方式、統合計画、維持管理方式等、広域水道の実現化方策について検討を加えている。調査対象水道事業体の90％は財政難、水源不足、職員不足を挙げ、「水道の広域化が望ましい」とするものの、広域化への参画、時期について具体的かつ明確な意見を表明するまでには至らなかった。

　昭和54年、青森県によって「水道整備基本構想」が策定され、「八戸市と三戸郡の全域、上北郡南部に位置する3町、併せて14市町村を包含する地域を『八戸圏域』として広域化する」という計画が出された。

　これを受けて昭和57年、八戸圏域水道事業促進協議会が設立され、水源の共同開発、広域水道事業計画の策定等、広域化に向けての具体的な調査、研究および調整が進められた。

　経営形態については、昭和49年来積み重ねられてきた「末端給水型」への動きがあったものの、中心となる八戸市の一部に、「周辺町村の中には、小さな規模の簡易水道事業も多く、配水管等の整備に多額の費用が必要である。結果的に八戸市の負担が増える」という声があり、当初「用水供給型」が検討され

たが、周辺町村は、経営見通し、施設の維持管理、人材の確保等から用水供給型では参加が難しいと考えていた。

　暗礁に乗り上げたが、用水供給型での事業費は末端給水型より安いものの、各市町村が単独で基幹施設を建設しなければならず、総事業費は約40億円近く高くなるという試算と、広域化が頓挫して八戸市単独で水源確保をした場合水道料金への影響が避けられないという懸念から、八戸市長は末端給水型を決断し、昭和58年7月、協議会は下記の方針を決定した。

　①世増(よまさり)ダムを新規水源とする。

　②末端給水型広域水道として推進する。既存水源水量が比較的豊富な田子町、倉石村、新郷村は将来整備統合を検討する。

　③国および県との意見調整、指導等を要請する。

　昭和59年には促進協議会の下部機関として企業団設立準備委員会を設置し、管理運営部会、技術運営部会において統合について精力的な協議を重ね、昭和60年、八戸圏域広域的水道整備計画の策定等を経て、昭和61年11月、11市町村で構成される八戸圏域水道企業団として設立許可を得た。

　広域化が進んだ背景には、水源の確保という避けられない課題があったものの、生活環境審議会による答申「水道の未来像とアプローチ方策」と、その後に行われた水道法の一部改正によって、広域化に対する国の財政支援があったからにほかならないし、さらには、広域的水道整備計画は関係市町村の要請により策定されるものであるが、青森県は「水道整備基本構想」に沿って積極的かつ公平に市町村への指導、助言を行ったことが広域化を実現ならしめたと言っても過言ではない。

　広域化は八戸市が中心的役割を担ってきた。もともと藩政時代から八戸市を中心として政治、経済、文化の交流の場が形成されており、近世になってからも八戸市を中心に消防、廃棄物処理、流域下水道等の一般行政では広域化が進められていた。また、水道分野でも八戸市が隣接市町村に対して技術者の派遣、技術管理者の受任、分水、緊急連絡管の整備、水質検査の無料実施、塩素ガスの共同購入等を行っていたこともあって、広域化を進める中核都市としてリーダーシップを取るのに周辺町村からの異論はなかった。八戸市議会からは、水需要の推計、責任体制、資産等のほか水道料金の上昇を懸念する意見が出され

たが、市単独で水源開発をするより広域化の補助制度を利用した方が低額と説明することによって理解を得ることができた。

広域化事業の進め方

　広域化を進めるには、人材確保、議会対策、工事業者育成等の課題がいろいろ生じる。統合時に水道部局に所属していた職員はいったん退職し、改めて企業団職員として採用され、一般部局に帰属したい職員については3年間で調整した。その間、職員の異動を行って技術を継承したため、問題は生じなかった。また、企業団議会議員は15人の制限があるため、11市町村の首長と八戸市選出市議会議員4人とし、より民意を反映するため水道協力員制度を導入したほか、経営審議会、入札監視委員会等を設置し、透明性のある経営を続けている。
　工事業者は事業体ごとに指定されていたが、技術や経営力は八戸市が指定しているレベルと大きな差があったので、激変緩和の意味から3年間の猶予期間の中でレベルを上げさせ、工事を続行できるようにした。
　これらの現実的問題に対応しながら「拡張事業基本計画」や地域水道ビジョンに相当する「21世紀プラン」を基本とし、事務改善、経費節減を図りながら4～5年間の中期財政計画を立て、社会情勢に合った柔軟な事業経営を行った。

水源、浄水施設の再編成

　八戸圏域水道事業は、11市町村の10水道事業が統合されたものである。統合当初の水道施設は、水源24カ所、対応する浄水施設21カ所、配水池45カ所で、それぞれ給水区域が独立して配水している状況である。計画では、新規水源である新井田川水系世増ダムの供用が開始されるまでの間は既存水源を利用するが、水量が不安定かつ水質的に問題のある小規模水源等については随時廃止・統合していくものとし、目標年次である平成12年には、新設白山浄水場（新規世増ダム）と既設白山浄水場、根城浄水場、八木田浄水場、城山浄水場（以上は馬淵川）、奥入瀬浄水場（相坂川）および三島（地下水）、蟹沢（湧水）を稼働することになっていた。

表5-10 八戸圏域内浄水場

事業所	浄水場	供用開始年	種別	取水量 (m³/日)	継続取水量 (m³/日)	改良費 (百万円)
八戸	根城	昭和38年	表流水	35,000		7,628
	白山	昭和50年	表流水	45,520	80,520	
	白山	平成22年	表流水		58,074	
	三島	昭和23年	浅井戸	10,000	10,000	
	蟹沢	昭和25年	湧水	15,000	15,000	
階上	寺下	昭和49年	表流水	640		1,542
	晴山沢	昭和54年	表流水	500		1,101
	田代	昭和36年	表流水	105		133
	角柄折	昭和51年	浅井戸	420		1,120
	大蛇	昭和40年	湧水	170		70
奥入瀬	奥入瀬	昭和41年	表流水	12,000		3,051
	小松ヶ丘	昭和53年	深井戸	2,340		1,200
五戸	五戸	昭和37年	深井戸	3,000		2,874
南郷	鳩田	昭和48年	表流水	205		242
	市野沢	昭和39年	表流水	1,100		1,301
糠部	城山	昭和41年	表流水	3,360		1,219
	沖田面	昭和59年	浅井戸	1,000		1,200
	玉掛	昭和29年	湧水	50		64
	相内	昭和42年	湧水	50		11
馬淵	八木田	昭和45年	表流水	2,160		2,874
	八木田	昭和56年	浅井戸	3,340		
名川	石和	昭和52年	表流水	451		219
福地	羽黒	昭和51年	深井戸	30		10
計				136,441	163,594	25,859

ダム建設が遅れたため既存浄水場を継続使用せざるを得なかったが、**表5-10** に示す構築物・機械設備の更新費用だけでも約258億円に上り、さらに電気・計装設備更新、浄水場運転経費等が必要となることから、水需要動向を考慮しながら八木田・城山両浄水場の休止を早めた。そして、耐震性の低い根城浄水場・奥入瀬浄水場も平成18年度で休止し、平成19年度からの浄水処理は安全の多重化を施した白山浄水場に集約して既存配水池まで送水することとした。それによって、経済性と安全性を両立させた。一方で、新井田川の取水施設が完成すると（平成21年度予定）馬渕川と新井田川の両川から取水が可能となり、河川の水質汚染による取水停止リスクを軽減することができる。当面、暫定水源の三島・蟹沢を利用して水需要を満たしていくが、需要の増加を見ながら必要であれば浄水施設（25,000m³/日）を白山に増設することとしている。

配水施設の整備

構成市町村の水道普及率を**表5-11**に示した。

統合当初の給水面積は787km^2、管路延長は1,260kmである。地下水の豊富な五戸町は50.5%、集落が点在している六戸町は41.7%、圏域平均では89.8%となっている。

配水管の布設基準を「10mについて1戸存在すれば、経済的に採算の取れる路線」とはしているものの、企業団の目的として未普及地域の解消が掲げられているため不採算路線に布設せざるを得ず、補助事業であると割り切って未普及地域の解消を図ってきた。しかし当初、特定広域化施設整備費における配水管口径の補助対象はϕ250mm以上となっていたため、過疎地域の小規模水道に

表5-11 八戸圏域構成市町村の水道普及率

単位:%、比較のため旧町村名で示している

	八戸市	階上町	南部町	名川町	福地村	南郷村	三戸町	五戸町	六戸町	百石町	下田町	全体
昭和61年度	97.5	93.2	89.2	89.6	93.9	61.0	78.2	50.5	41.7	94.1	66.1	89.8
平成17年度	98.6	98.0	86.6	94.4	98.1	69.6	79.7	64.1	83.8	98.5	90.3	94.7

表5-12 管路延長

(ϕ75mm以上)

	昭和61年度末		平成17年度末	
	距離(m)	割合(%)	距離(m)	割合(%)
ACP	320,867	25.5	115,004	5.8
DIP	637,320	50.6	1,595,046	81.1
SGP	18,097	1.4	9,012	0.5
SP	3,843	0.3	4,353	0.2
SUS	0	0.0	3,465	0.2
CIP	61,183	4.9	37,941	1.9
VP	218,290	17.3	202,485	10.3
PP	0	0.0	327	0.0
計	1,259,600	100.0	1,967,633	100.0

第5章 水道事業の再構築

おける未普及地域には非現実的制度であった。補助対象口径を小さくするよう要望した結果、平成2年には市部がϕ150mm以上、町村部がϕ100mm以上となり、さらに平成9年に町村部がϕ75mm以上と変更されたため布設が進み、平成17年度末には管路延長は56.2%増の1,968km、普及率は94.7%に達した。管種別の管路布設延長を**表5-12**に示した。

布設されている管種は、町村部ほど石綿管(ACP)・塩ビ管(VP)の布設割合が高い。幸い石綿管については平成7年から、老朽管については平成8年から補助事業として採択されているものの、更新にかかる財政負担が大きく、広域化を推し進める中核都市にとっては不公平な負担と見られ、広域化の阻害要因にもなっている。広域化を推進している地域には不採算路線と耐震性の低い管路が多いという二大障壁があるので、補助率をアップさせるなどの政策的配慮が望ましい。

水道料金の調整

統合に当たって最も意見調整を図る必要があるのは水道料金である。水道料金は政策的側面が強く、しかも一般会計から多額の助成を受けている事業体もあり、真の水道料金はいくらか判断に苦しむ。

昭和55年度から統合した昭和61年度までの水道料金を**表5-13**に示した。

用途別料金体系を採用していた所は八戸市、奥入瀬(企)、階上町、南郷村

表5-13 水道料金

単位:円

年度(昭和)	八戸	奥入瀬	階上					南郷		糠部	馬渕	名川筒福地筒	五戸
			田代大仏	耳吠	道仏	角柄折	山手	市野沢	鳩田				
55	970	1070	600	1200	800	1300	1400	7000	1000	1300	1300	1300	1000
56	〃	1120	900	1300	1100	〃	〃	800	1100	〃	〃	〃	〃
57	1200	1300	1400					1200	〃	〃	1600	〃	1300
58	〃	1400	〃					〃	〃	〃	〃	〃	〃
59	〃	1500	〃					〃	〃	〃	〃	1600	〃
60	〃	〃	〃					〃	〃	1600	〃	〃	〃
61	1430												

(2)の5事業体(給水人口約27万人が受益)、口径別料金体系を採用していた所は馬淵(企)、糠部(企)、五戸町、名川簡水、福地簡水の5事業体(給水人口約4万人が受益)で、1ヵ月10m³当たりの基本料金は1,200円から1,600円であった。

新しい料金体系は、住民への激変緩和策として給水人口約27万人が受益している用途別料金体系を採用することとし、料金設定を昭和57年以来据え置かれていた八戸市の料金改定(19.16%値上げ)に合わせ、1ヵ月10m³当たりの基本料金を1,430円とした。値下げとなった区域には喜ばれたものの、広域化により八戸市の負担増が現実になったという声も聞かれたので、「八戸市単独で経営していても料金改定時期であり、必要な料金改定率である。水源開発を単独で行わなければならない場合には、将来さらなる料金高騰を招く」と市民に説明した。

経営状況と広域化事業

統合前の水道事業の経営状況を見ると、建設改良事業はほとんど実施されておらず、創設時の水道施設をそのまま維持管理している場合が多かった。しかも、八戸市、五戸町、糠部(企)以外は一般会計からの繰り入れを行って経営していた。水道事業の繰入金比率は奥入瀬(企)で44.6%、馬淵(企)で36.5%、階上町で23.6%、さらに名川、福地簡水では、それぞれ60.0%、69.6%であった。**表5-14**には、構成市町村の繰出金を示したが、町村にとって水道事業が大きな財政負担となっている(八戸市は奥入瀬(企)への繰り出し)。

総事業費は、昭和61年の創設認可では4,045百万円、昭和62年の平成12年度を目標年度とする変更認可では56,379百万円、平成13年の平成28年度を目標年度とする変更認可では65,044百万円である。平成16年に見直しをして最終的には84,859百万円となっているが、当面、世増ダムから取水する是川ポンプ場築造が完成する平成21年度に第1期拡張事業を見直すこととしており、その時点での事業費は67,031百万円である。うち水源開発費は世増ダム築造工事費16,629百万円で、農林水産省等との共同工事である(総貯水量36,500千m³、総事業費61,362百万円、企業団負担割合27.1%、平成11年着工、平成15年完工)。広域化

第5章 水道事業の再構築

表5-14 構成市町村の繰出金
(昭和55～60年平均、単位：千円)

市町村	収益的収入繰出金	資本的収入繰出金	計
八戸市	90,832	35,000	125,832
百石町	51,395	0	51,395
下田町	53,436	0	53,436
六戸町	58,774	0	58,774
階上町	31,210	11,274	42,484
名川町	51,918	153	52,071
福地村	32,118	1,305	33,423
南郷村	29,119	21,209	50,328
五戸・三戸・南部	0	0	0

表5-15 広域化事業費財源

財源	金額(百万円)	比率(%)
国庫補助金	21,846	32.6
構成団体出資金	16,963	25.3
企業債	19,009	28.4
県補助金	5,570	8.3
自己資金	3,642	5.4
計	67,030	100.0

施設整備は取水・導水・送水・配水施設・その他で計50,402百万円である。

　広域化事業を進めるに当たっての財源は、国および県からの補助金、構成市町村の出資金、企業債その他である。国からの補助は、特定広域化施設整備事業として水源開発事業費の1／2、広域化事業費（取水・導水・送水・配水施設）の1／3である。また、県から、水源開発に掛かる費用については住民負担を軽減するという理由により水源開発事業費の7／30、広域化事業費（取水・導水施設）の14／45を受けることができた。構成市町村の出資金はそれぞれについて1／3で、企業団としては起債、自己財源合わせて、総事業費の33.8％となっている。

　各市町村の事業費負担割合は、「事業計画最終年度である平成12年度における各市町村需要水量から各市町村が現在保有している水源水量を差し引いた量を案分し負担割合とする」と決められた。この負担割合は5年をめどに見直すこととなっていたが、ダムの進捗が遅れたため据え置かれ、事業計画の大綱に変更が生じた平成12年度に見直しとなった。

　表5-16に、統合後から平成21年度までに予想される出資金の年平均額を示した。

　これと表5-14に示した繰出金とを比較した場合、一部町村を除いて出資金が

表5-16 構成団体出資金

市町村	出資割合（%）		出資金（千円）	
	昭和61年度～	平成13年度～	平成21年度までの累計	年平均額
八戸市	70.20	60.38	11,326,296	492,448
階上町	5.98	9.67	1,233,182	53,617
南部町	1.73	1.06	253,751	11,033
名川町	2.56	2.48	429,527	18,675
福地村	1.57	4.81	458,403	19,931
南郷村	0.60	1.61	161,654	7,028
三戸町	3.23	1.60	451,295	19,622
五戸町	5.36	5.65	926,438	40,280
六戸町	4.03	2.93	618,423	26,888
百石町	2.71	1.67	398,057	17,307
下田町	2.03	8.14	706,584	30,721
計	100.00	100.00	16,963,610	

下回っており、上回っている町村にしても、その後に要する建設改良費用は現在の出資金以内で賄い切れないのは明らかであるから、国や県からの補助を受けての広域化事業は町村の一般会計にも好影響を与えている。

広域化事業の検証

　昭和61年に企業団が設立されてから、平成17年で20年が経過した。事業概要および財務指標等について20年間の推移を表5-17に示した。
　広域化の推進によって、行政区域内人口を併せても35万人という過疎地域を抱える11市町村が、水道事業を技術的にも財政的にも効率良く運営してきたが、住民にとっては将来の水源が確保された上に未普及地域も減少し、地域内における水道料金の格差が是正され、どこでも安全・安心の水道が安定的に届けられるようになったということである。また、構成市町村にとっては水道事業の行政負担が軽減された上、一般会計の負担も少なくなり、さらに国にとっては

第 5 章　水道事業の再構築

表5-17　八戸圏域水道事業の推移

PI	項目	単位	昭和60年度	昭和61年度	平成2年度	平成7年度	平成12年度	平成17年度
	行政区域内人口	人	353,208	353,505	353,495	356,508	357,717	356,139
	給水人口	人	315,901	317,580	318,554	332,867	338,012	337,369
	水道普及率	％	89.4	89.8	91	93.4	94.5	94.7
	年間総配水量	千m^3	32,049	31,333	32,784	35,712	35,698	34,074
	年間総有収水量	千m^3	25,923	24,814	27,258	29,511	30,515	29,943
	1日最大給水量	m^3	114,126	110,826	111,056	120,423	115,610	112,766
	1日平均給水量	m^3	87,805	85,843	89,820	97,572	97,804	93,354
	職員数	人	223	224	228	213	198	179
	管路延長	km	1,254	1,263	1,527	1,769	1,895	1,982
	配水管使用効率	％	25.6	24.8	21.5	20.2	18.8	17.2
3001	営業収支比率	％	128.57	147.46	126.62	128.16	137.21	128.39
3002	経常収支比率	％	102.15	106.74	100.56	105.75	111.52	111.8
	総収入	千円	5,679,087	5,815,188	6,699,446	8,450,200	8,719,046	8,315,825
	総支出	千円	5,539,135	5,448,320	6,661,866	7,990,988	7,846,308	7,439,153
3003	総収支比率	％	102.5	106.7	100.6	105.8	111.1	111.8
3004	累積欠損比率	％	2.23	0	0	0	0	0
3005	繰入金比率（収益的収入）	％	6.97	1.07	1.19	0.99	0.87	0.9
3006	繰入金比率（資本的収入）	％	0.88	24.91	27.87	27.93	23.92	24.44
3007	職員一人あたり給水収益	千円/人	21,632	25,217	27,932	38,773	46,500	50,691
3008	給水収益対職員給与費	％	27.67	25.03	27.62	25.81	22.55	20.46
	建設投資	千円	851,216	1,337,726	5,147,729	5,315,169	5,943,440	3,705,333
	給水収益	千円	4,694,275	5,295,722	5,837,907	7,444,582	8,230,668	8,009,144
	企業債利息	千円	1,743,945	1,711,128	1,842,323	1,827,926	1,527,993	1,028,202
3009	給水収益に対する企業債	％	37.18	32.31	31.53	24.55	18.56	13.9
3010	給水収益に対する減価償却	％	18.28	16.25	18.38	19.4	20.24	26.1
3011	給水収益に対する企業債償還金の割合	％	13.89	12.06	13.57	15.54	18.93	23.2
3012	給水収益に対する企業債	％	503.68	448.5	486.84	396.36	327.62	292.1
3013	料金回収率	％	86.6	97.5	88.1	94.2	106.1	108.3
3014	供給単価	円/m^3	181.09	213.41	214.17	252.26	269.72	268.17
3015	給水単価	円/m^3	209.2	218.86	243.23	267.85	254.28	247.72
3016	1カ月あたり家庭用料金1	円		1,430	1,586	1,743	1,927	1,927
3017	1カ月あたり家庭用料金2	円		3,400	3,766	4,133	4,573	4,573
3018	有収率	％	80.9	79.2	83.1	82.6	85.5	88.0
3019	施設利用率	％	55.5	71.4	75.8	81.1	81.3	78.3
3020	最大稼働率	％	72	92.1	92.3	100.1	96.1	94.5
3021	負荷率	％	76.9	77.5	80.9	81	84.6	82.8
	当座比率	％	239.7	195.4	216.3	178.9	291.2	689
3022	流動比率	％	264.09	205.14	222.6	182.55	299.77	694.25
3023	自己資本構成比率	％	11.54	12.77	25.64	43.35	59.57	68.7
3024	固定比率	％	846.23	802.5	371.21	218.66	159.96	136.7
3025	企業債償還元金対減価償却費比率	％	75.99	74.25	73.86	80.12	93.53	80.7
3026	固定資産回転率	％	0.182	0.206	0.179	0.152	0.127	0.1
3027	固定資産使用効率	％	9	12	9	7	6	4.9

行政目標が達成されたということになる。

　構成市町村の協力を得て、広域化が進められてきた背景には、広域化を進めるという国の強い姿勢があり、実際に特定広域化施設整備費を導入できたことがある。さらに県費の導入、構成市町村の負担金によって財源が確保されてきたことがある。企業団の経営努力としては、施設の統廃合、電算システムの導入、人員削減等、経費削減を踏まえながら長期・中期財政計画策定により適正な財源見通しと計画的な建設投資とができたことが挙げられる。特に、末端給水型の広域水道であるため、取水施設から配水施設までを一体とした整備計画を立て、実際の建設に当たっては社会情勢や水の需要と供給に応じて柔軟に執行してきたこともあり、自己資本を高めた健全経営で財政状況は良好な状態を維持することができた。

　しかし、すべてが順調に推移しているということではなく、水道料金、不採算路線の布設、管路更新、新たなる広域化等の問題もある。

　水道料金は1カ月当たり$10m^3$で1,927円、$20m^3$では4,573円である。同規模から見れば高めであるが、地震多発地帯では管路、施設の整備が必要で、値上げをしても値下げをする余地はない。配水管使用効率（年間総配水量÷導送配水管延長）は統合前$25.6m^3$／mであったものが、平成17年度には$17.2m^3$／mと$8.4m^3$／mの減少となった。今後も未普及地域＝過疎地帯に配水管が延ばされ、水道の普及が進めば進むほど配水管使用効率は低くなっていく。石綿管・老朽管については布設替え完了のめどが立ってきたが、後回しとなった塩ビ管がϕ50mmを含めると300km以上存在していて、今後の財政負担となってくる。

　企業団は各市町村において設置されていた水道部・課・係等が合同して一部事務組合を結成したもので、上水道事業に関してのすべての事務は企業団に委任されている。地域防災会議等でも「災害時における飲料水の確保及び供給に関すること」は企業団の役割とされている。しかし、簡易水道事業、組合水道等上水道事業以外の水道業務は依然として市町村の固有の事務として残っており、今後広域化を進める上での調整が必要である。

第5章　水道事業の再構築

新たなる広域

　企業団設立時に、農山村構造改善事業のモデル事業として県が簡易水道施設の建設を進めていたために除外されていた福地村、階上町、南郷村の簡易水道事業を平成13年に給水区域に編入し、企業団の管路を接続した。
　南郷村はほかに不習と島守簡易水道事業を所管していたが、不習簡易水道事業は平成17年3月八戸市との合併前に、不習簡易水道配水池と企業団本管までの連絡管工事（約4.8km、189百万円）を施行し給水区域とした。島守簡易水道事業は湧水が豊富で独立した集落であったため、合併協議で企業団が経営し、収支不足は八戸市が負担することとなった。しかし、クリプトスポリジウム汚染の恐れがあるため、連絡管工事を進め、3年後には給水区域とする予定である。
　八戸圏域水道企業団の構成町村の中には、ほかにも公営簡易水道が存在し、また、「当面水量が豊富であり今回は加わらない」とした田子町、倉石村、新郷村がある。田子町、新郷村は当初、八戸市との合併促進協議会を形成したが、水道施設がクリプトスポリジウム対策を要し、その他の施設整備も含めると54億円を要するので八戸市の負担が大きすぎるという理由で合併が見送られ、現在も何ら進展がない。「簡易水道事業の継続」「簡易水道事業を経営し、施設格差が是正されて上水道に移行」「上水道事業として統合」等があるが、島守簡易水道事業の経営で行ってきたように、統合にかかる債権債務は新組織で吸収し、企業団へ負担させないという基本原則を守ることが必要である。今後、これらの町村まで水道事業を広域化するには、目標年次を定め計画的な施設整備をすることと、業務の標準化、共同化を図っていくことが課題である。
　「北奥羽広域水道サービス株式会社」は八戸圏域水道企業団の第三セクターとして設立されている。業務の標準化、共同化が広域化にたどりつく一方策であるため、株式会社であるがゆえ、県境を越えて岩手県内の水道事業体の業務を受託できる北奥羽広域水道サービス株式会社の存在は、今後の水道広域化、民間委託を考える上で重要なキーとなる。

【索 引】

〔アルファベット〕
BTO 139, 208
DBO 140, 185, 203, 208
NPM 207
ODA 180
OECD（経済協力開発機構） 69
PFI 50, 124, 137, 168
PPP 205
RTO 140
VFM 208

〔ア行〕
アウトソーシング 49, 207, 213, 229
アセットマネジメント 47, 103, 122
異臭味被害 82
一般監査 151
医療用水 78
営業収益 37
営業費用 18, 36, 40, 115
エージェーンシー、代理人 67
塩化ビニル管 100
塩素消毒 20, 86, 216, 224
応急給水 79, 107
オゾン処理 82, 85, 99

〔カ行〕
外部監査 150, 153, 157, 162
渇水 27, 79, 118
ガバナンス 53, 65, 129, 136, 158
かび臭 82, 85
簡易水道事業 14, 23, 28, 31, 137, 206, 220, 230, 240
簡易専用水道 14, 88

監査委員 33, 150
監査マニュアル、マニュアル 170, 173
官庁会計 31, 35, 44, 213, 220, 224
官民連携 72, 126, 160, 168, 170, 176
基幹管路 30, 107
基幹施設 79, 106, 196, 224, 231
企業会計 31, 33, 49, 59, 157, 212, 220, 224
企業債 36, 40, 45, 146, 195, 237
起債 57, 64, 112, 121, 138, 146, 237
給水義務 18, 161
給水区域 15, 21, 94, 177, 191, 197, 218, 232, 241
給水契約 13, 17
給水収益 37, 45, 115
給水人口 13, 23, 29, 82, 91, 99, 102, 108, 110, 185, 205, 236
給水装置 17, 199
供給規定 161
行政監査 151, 153, 162
業務指標、PI 2, 28, 76, 95, 118, 155, 158, 174
クリプトスポリジウム 2, 80, 82, 83, 84, 88, 205, 207, 208, 209, 241
経年管 87, 101
減債基金 59
建設改良財源 42
減分主義 126
広域化 27, 64, 117, 121, 137, 163, 165, 176, 229, 230
広域的水道整備計画 16, 231
公営企業会計 31, 49, 59, 144, 157
公益、公共の利益 12, 16, 18, 22, 36, 37, 43, 55, 58, 63, 66, 71, 121, 133, 181, 183

公共サービス	2, 126, 129, 135	指定管理料	139
公共調達	168	シビルミニマム	163, 170
口径別料金	38, 236	資本費用	42
工事台帳	145	事務技術	157
更新計画	49	社会資本整備	1, 52, 64
更新需要	44, 47, 93, 185	従量料金	38
更新整備	24	受益者負担	32, 46, 58, 180, 213, 218, 221
高度浄水処理	82, 85, 97, 99, 214, 224		
交付税	54, 55, 60, 69, 112, 206	受水槽給水	87
国際標準規格、ISO	188, 189	受水費	18, 115
国庫補助	29, 57, 112, 137, 208	取水量	79
根幹的水道施設	17	受託者	21, 222, 226
		償還	40, 45, 52, 60, 112, 121, 138, 146
〔サ行〕		人事管理	118, 224
災害対策	27, 79, 147	人的資源	1, 128, 147, 177
財政援助、財政的援助	60, 151	水系感染症	19
財政再建	54, 60, 66	水源開発	29, 205, 232
債務	2, 52, 60, 67, 146, 181, 201, 205, 241	水質汚染	76, 80, 233
財務監査	150, 153, 162	水質基準	13, 85, 137, 161, 164, 174
財務諸表	31	水質事故	80
残留塩素	86	水道技術管理者	20, 119, 139, 161, 177
事業計画書	15	水道事業ガイドライン	2, 28, 76, 173, 189
事業契約	137, 209		
事業譲渡	146	水道事業経営	13, 103, 110, 163, 193, 218
事業認可	15, 196		
事業評価	72, 143	水道事業管理者	72, 143
事業報酬	36, 42, 206	水道資産	93
資金収支	44	水道条例	12
資金調達	52, 60, 72, 112, 130, 139, 171, 173, 186	水道ビジョン	27, 71, 76, 93, 106, 158, 164, 170, 174, 215, 232
資産台帳	145	水道法	12, 37, 42, 46, 86, 107, 122, 160, 163, 177, 210, 213, 215, 229, 230
市場化テスト	51, 65		
施設基準	16, 107, 164	水道用水供給事業	14, 23, 28, 84, 108
指定管理者	65, 139	水道料金算定要領	18, 42
指定管理者制度	51, 124, 136	水量料金	38

索 引

税源移譲　　　　　　　　　　　56
責任分担　　　　　　50, 129, 177, 226
石綿セメント管　　2, 29, 100, 104, 137
専用水道　　　　　14, 23, 49, 84, 161
総括原価　　　　　　　　　18, 37, 42
総合評価　　　　　　　　143, 168, 210
送水　　　　19, 94, 107, 196, 233, 237
増分主義　　　　　　　　　　　126
損益計算　　　　　　　31, 36, 112, 117
損益収支　　　　　　　35, 36, 44, 206

〔タ行〕

第三者委託　51, 124, 163, 213, 215, 224, 229
第三者評価機関　　　　　　　165, 168
地方公営企業法　　31, 33, 36, 42, 45, 51,
　　　58, 108, 162, 163, 177, 213, 219, 222
地方公共団体　　12, 16, 31, 33, 45, 50, 63,
　　　　　　　　　　　　　150, 153, 157
地方交付税　54, 56, 57, 58, 60, 63, 69, 72,
　　　　　　　　　　　　　　　112, 207
地方債　　　52, 54, 55, 57, 58, 60, 112
地方自治法　　33, 45, 150, 153, 162, 164,
　　　　　　　　　　　　　　177, 199, 201
鋳鉄管　　　　　　　　　　　101, 104
貯水槽水道　　　　　　17, 21, 88, 163
直結給水　　　　　　　　　　　　87
定額料金　　　　　　　　　　　　38
逓増型料金　　　　　　　　39, 49, 108
導管　　　　　　　　　　　　　　13
導水　　　　　　　　　　19, 107, 237
特別会計　　　　　　　31, 34, 57, 213
特別監査　　　　　　　　　　　151
取替法　　　　　　　　　　　　48

〔ナ行〕

ナショナルミニマム　　60, 163, 170, 172

〔ハ行〕

配水管　　18, 24, 42, 87, 94, 103, 177, 217,
　　　　　　　　　　　　　230, 234, 240
発生土　　　　　　　　　　　　90
引当金　　　　　　　　　　　48, 157
風水害　　　　　　　　　　　76, 79
負債　　　　　　　34, 54, 60, 132, 146
法定耐用年数　　　　　　　　　47, 102

〔マ行〕

水ビジネス　　　　　　　183, 186, 187
民営化　　2, 51, 63, 65, 122, 129, 130, 137,
　　　　　　　　　140, 144, 146, 170, 180
民間活力　　　　　　　　　　141, 210
民間関与　　　　　70, 136, 137, 138, 140,
　　　　　　　177, 180, 183, 184, 185, 188
民間事業者　　　　　　　143, 186, 227
モニタリング　　　　　　130, 142, 169

〔ヤ行〕

有効率　　　　　　　　　　　　24
有収率　　　　　　　　　　　24, 112
用途別料金　　　　　　　　　38, 235

〔ラ行〕

リスク分担　　　　　　　　　142, 169
料金回収率　　　　　　　　　108, 110
老朽管　　　29, 88, 100, 102, 218, 235, 239
漏水対策　　　　　　　　　　　24

《執筆者一覧》

宮脇　淳	北海道大学公共政策大学院	
眞柄　泰基	北海道大学公共政策大学院	
山村　尊房	厚生労働省健康局水道課	
新田　晃	前職　厚生労働省健康局水道課	
石井　正明	東京都水道局	
宮本　融	北海道大学公共政策大学院	
戸來　伸一	日本上下水道設計株式会社　水道事業本部	
竹村　雅之	株式会社日水コン　水道本部	
片石　謹也	株式会社東京設計事務所　水道事業部	
森本　達男	パシフィックコンサルタンツ株式会社	
森田　豊治	株式会社イー・ジー・エス	
佐野　修久	日本政策投資銀行　富山事務所	
清水　憲吾	株式会社三菱総合研究所　地域経営研究センター	
河合　菊子	株式会社HVC戦略研究所　調査研究部	
安部　卓見	神奈川県内広域水道企業団	
佐藤　雅代	北海道大学公共政策大学院	
吉村　和就	グローバルウォータ・ジャパン	
松田　奉康	株式会社クボタ	
渡邊　滋夫	松山市公営企業局	
遠藤　誠作	三春町財務課	
大久保　勉	八戸圏域水道企業団	

(執筆順)

【編著者紹介】

宮脇 淳（みやわき あつし）
北海道大学公共政策大学院教授（行政学・財政学）
　1956年10月12日生まれ、東京都出身。79年日本大学法学部卒、同年参議院事務局採用。参議院予算委員会調査室、株式会社日本総合研究所主席研究員、北海道大学大学院法学研究科教授などを経て2005年4月より現職。07年4月より内閣府本府参与および地方分権改革推進委員会事務局長に就任。
　主な著書に『行財政改革の逆機能』（東洋経済新報社、1998年）、『「公共経営」の創造——地方政府の確立をめざして』（PHP研究所、1999年）、『財政投融資と行政改革』（PHP研究所［PHP新書］、2001年）、『公共経営論』（PHP研究所、2003年）などがある。

眞柄泰基（まがら やすもと）
北海道大学公共政策大学院特任教授（環境衛生工学・環境リスク工学）
　1941年3月8日生まれ、愛知県出身。66年北海道大学大学院修了。79年工学博士（衛生工学）。国立公衆衛生院衛生工学部長、同院水道工学部長、北海道大学大学院工学研究科教授、北海道大学創成科学研究機構特任教授などを経て2005年4月より現職（兼・北海道大学創成科学共同研究機構特任教授）。
　主な著書に『上水道における藻類障害：安全で良質な水道水を求めて』（技報堂出版、1996年）、『水道の水質調査法　〜水源から給水栓まで〜』（技報堂出版、1997年）、『開発途上国の水道整備Q&A：水道分野の国際協力』（国際協力出版会、1999年）、『水道水質辞典』（日本水道新聞社、2002年）、『水の辞典』（朝倉書店、2004年）などがある。

水道サービスが止まらないために——水道事業の再構築と官民連携

2007年9月1日	発　行	
2008年2月15日	2　刷	

編著者	宮脇　淳、眞柄泰基
発行者	北村　徹
発行所	株式会社　時事通信出版局
発　売	株式会社　時事通信社
	〒104-8178　東京都中央区銀座5-15-8
	電話 03 (3501) 9855　http://book.jiji.com
印刷所	株式会社　太平印刷社

©2007　MIYAWAKI,Atsushi　MAGARA,Yasumoto
ISBN978-4-7887-0761-0 C3034　Printed in Japan
落丁・乱丁はお取り替えいたします。定価はカバーに表示してあります。

時事通信社の本

民間の力で行政のコストはこんなに下がる
――「公」と「民」とのサービス・コスト比較――

都市経営総合研究所代表　坂田　期雄著

本書は、「公」と「民」とのコストやサービス、切り替えのテンポ、さらに「指定管理者制度」「PFI事業」など、近年の新しい移転方式にも焦点をあて、その現状を比較・分析し、解説する。

A5判／190頁　定価2,520円

公民連携白書2006～2007
――「官から民へ」の次を担うもの――

東洋大学大学院経済学研究科　編著
公民連携推進研究会　協力

地域の現場で起きているさまざまな公民連携の実態を整理することで、共通の課題を探すとともに、明日へのヒントを得ようとする、自治体、企業、NPOなどすべての公民連携関係者必携の書。

B5判／150頁　定価2,310円

指定管理者制度　文化的公共性を支えるのは誰か

小林真理編著

本制度が公立文化施設の運営に与える影響や問題点、またその実態や評価などについて事例を交え詳述する。公募側、応募側双方関係者必読の書！

A5判／262頁　定価2,940円